Helmut Trunz

Airbus - Boeing

Duell am Himmel

Motor
buch
Verlag

Einbandgestaltung: Sven Rauert

Bildnachweis:
Archiv E. Marnet; Air France, Paris; air berlin media; Airbus S.A.S. Toulouse/Hamburg; Airbus Military, ESP; Boeing Corp. Chicago; EADS Corporate Heritage; Farnborough Airshow, GB; GE aviation, Ohio; Lufthansa mediabase; Deutsches Zentrum f. Luft- ; und Raumfahrt, DLR; US Airforce; Lockheed-Martin Bethesda, Maryland; Northrop-Grumman, LA, Kalif.; WTO media Genf; Thomas Cook/Condor, Kelsterbach/Oberursel; ILA Berlin; Messe AG, Hannover; Swiss media Basel, Premium AEROTEC, Nordenham; FMG Flughafen München GmbH

Autor und Verlag danken Herrn Norbert Andrup für seine Illustrationen.

ISBN 978-3-613-03220-0

1. Auflage 2010

Sie finden uns im Internet unter

www.motorbuch-verlag.de

Innengestaltung: Jürgen Knopf
Satz: Medien und Printprodukte, 74321 Bietigheim-Bissingen
Druck und Bindung: Stürtz GmbH, 97080 Würzburg
Printed in Germany

»Die Beschreibung der Luftfahrtindustrie als einer freien Marktwirtschaft ist ein Märchen«

(namhafter Wirtschaftswissenschaftler)

Inhalt

Vorwort

Zwei Weltkonzerne teilten sich bisher in einem Duopol weitgehend den Markt für Verkehrsflugzeuge mit mehr als 100 Plätzen und Großraum-Jets (sog. »twin aisles«, Flugzeuge mit zwei Gängen) – Airbus S.A.S. und The Boeing Company. Der Wettbewerb zwischen diesen beiden Anbietern um das lukrative Geschäft mit den Airlines ist knallhart. Man boxt mit harten Bandagen und sowohl mit erlaubten als auch weniger erlaubten Mitteln, die Gürtellinie ist nicht tabu. Denn es ist nicht nur eine gnadenlose Konkurrenz zweier Weltkonzerne. Es ist ein Wettkampf zweier Kontinente, alte gegen neue Welt. Das gibt diesem Wettstreit die besondere Würze. Dazu gehört, dass die beiden Kontrahenten sich seit Jahrzehnten gegenseitig vorwerfen, dass sie wettbewerbsverzerrende Subventionen aus diversen staatlichen Töpfen beziehen. Dieser wechselseitig immer wieder vor GATT und später WTO (World Trade Organization – Welthandelsorganisation) getragene Streit steht allerdings unentschieden, da jede Seite die jeweiligen Entscheidungen nach eigenem Gutdünken interpretiert. Auch von Industriespionage war zwischen den beiden Lagern schon die Rede. Man schenkt sich nichts und der Beobachter mag sich an gewisse Vorgänge in der Formel 1 erinnert fühlen.

Bei Langstrecken- und Großraum-Flugzeugen dominieren Hamburg/Toulouse und Chicago/Seattle den Markt

auch in unseren Tagen unangefochten. Im unteren Segment des Marktes allerdings, bei Flugzeugen mit nur einem Gang und bis zu etwa 150 Sitzen, sind neue Anbieter in den Wettbewerb eingetreten: Der nordamerikanische Hersteller Bombardier aus Kanada mit seiner C-Serie (CS 100/ CS 300) und der südamerikanische Flugzeugbauer Embraer aus Brasilien mit der E-Jet-Familie sowie die russische OAK mit Irkut MS-21 und Suchoi Superjet 100. Bei Embraer prüft man gegenwärtig sogar die Frage, ob man das Produktions-Programm nach oben erweitert. In den Revieren der Boeing 737 oder der A320-Familie von Airbus wird es für die etablierten Konzerne also deutlich enger, denn die neuen Konkurrenten sind hungrig und innovativ. Es ist Leben in den Markt für kleinere Linienjets gekommen, zum Ausruhen bleibt keine Zeit, denn am mittelfristigen Horizont zeichnet sich bereits ein weiterer Wettbewerber ab: Das Reich der Mitte beabsichtigt, sich ebenfalls ein Stück vom großen Kuchen im Geschäft mit den Fluggesellschaften abzuschneiden. Aber bis dahin wird noch viel Wasser den gelben Strom hinunterfließen. Zwar melden die neuen Konkurrenten bereits beachtliche erste Abschlüsse, doch noch geben Airbus und Boeing bei den Verkehrsflugzeugen ganz klar den Ton an, auch wenn der Wind des Wettbewerbs zunehmend schärfer weht.

Den Weg und den Beitrag der beiden Marktführer zum heutigen Weltluftverkehr, die führenden Repräsentanten der Kontrahenten und die besonderen Bedingungen beim rüden Kampf um die Kunden in dieser Branche, will dieses Buch beschreiben und vorstellen. Es gibt Auskunft über die aktuelle Lage im Wettbewerb und nimmt Stellung zu der umstrittenen und spannenden Frage, wer beim Bau großer Zivilflugzeuge technologisch führt: Europa oder die USA? Hier ist die Antwort.

The Boeing Company

❒ *Erstes und neuestes »commercial airplane« by Boeing: Model 40 und »Dreamliner« 787.*

5339

Erfolgreichster zweiter Sieger aller Zeiten. Ein amerikanischer Traum

Der weltbekannte Firmenname Boeing ist keineswegs, wie wohl überwiegend angenommen, angloamerikanischen Ursprungs. Der Firmenname geht zurück auf Wilhelm Böing, der 1868 als 22-Jähriger seine Heimatstadt Hohenlimburg im Sauerland verließ um in die Vereinigten Staaten auszuwandern. Er war abenteuerlustig und suchte in der Neuen Welt seine Chance. Als er Karl Ortmann kennenlernte, seinen späteren Schwiegervater, hatte er den Schlüssel zum Erfolg in der Tasche. Ortmann machte in Holz, also kaufte auch Wilhelm Waldland und heiratete Ortmanns Tochter Marie, die Mutter von William E. Boeing. Da sich auf dem gekauften Land Erzadern befanden, vererbte Wilhelms Witwe Marie ihrem Sohn William bei ihrem Tode ein Vermögen von einer Million Dollar. Das war das Startkapital. Wilhelm, der Einwanderer aus Hohenlimburg, starb mit nur 44 Jahren 1890. Er hinterließ neben seinem neunjährigen Sohn William noch zwei Töchter. Als Mutter Marie erneut heiratete, kam es zu Reibereien zwischen William und seinem Stiefvater. So schickte man ihn, um möglichen Konflikten aus dem Wege zu gehen, zur Ausbildung in die Schweiz. Hier blieb er aber nur ein Jahr, die Boeing-Chronik berichtet davon, dass William zu der Zeit eventuell die Heimatstadt seines Vaters im Sauerland besuchte. Dass schon Vater Wilhelm Böing anpassungsfähig an neue Verhältnisse war, bewies er früh: Er amerikanisierte seinen urdeutschen Namen in William Boeing. So hieß denn auch sein Sohn, William Boeing jr. Ein Name, der einst Bezeichnung für ein Weltunternehmen werden sollte, war naturalisiert in den Vereinigten Staaten angekommen.

❑ *Unternehmer William Boeing jr. (links) mit Partner Frederick B. Rentschler von Pratt & Whitney 1929.*

William Edward Boeing, der Flugzeugkonstrukteur 1881–1956

Holz – das war wie beim Vater der Stoff, aus dem der 1891 in Detroit geborene William jr. seine Träume entwickelte. Nach dem Besuch diverser Ausbildungsstätten in den USA, darunter die Yale University, die er ohne Abschluss verließ, zog es ihn in den Westen, genauer in den Nordwesten der USA. 1903 verließ er Yale und machte sich wie sein Vater als 22-Jähriger auf zu neuen Ufern. Es zog ihn nach Washington State im äußersten Nordwesten der USA nahe der kanadischen Grenze, hier hatte er Wäldereien geerbt, die er nun bewirtschaftete und mit weiteren Ankäufen erweiterte. 1908 gründete er

in Seattle seine erste Firma, die »Greenwood Timber Co.« Die Karriere William E. Boeings als Unternehmer hatte begonnen.
Holz ist bekanntlich ein recht vielseitiger Werkstoff, diese Eigenschaft wusste William jr., gut zu nutzen. Er wandte sich dem Schiffbau zu, natürlich mit Holz. Auf einer Ausstellung in Los Angeles 1910 kam er erstmals in Kontakt mit der Fliegerei. Ja, das war die Idee, Flugzeuge wollte er bauen! Er hatte sein Lebensziel ausgemacht. Er absolvierte eine Flugschule, kaufte sich eine Martin TA als Privatflugzeug und begann 1915 mit seinem Freund und Partner, dem Marineleutnant G. Conrad Westervelt, die Entwicklung einer eigenen Konstruktion. Am 15. Juni 1916 hob die B&W Model 1 zum Erstflug ab. Das größte Luftfahrt-Unternehmen der Welt war als »Pacific Aero Products« gestartet.
Nach dem Ausstieg Westervelts änderte die Firma am 17. Mai 1917 ihren Namen in »Boeing Airplane Company«. Nach frühen Aufträgen der Marine war der Erste Weltkrieg auch schon wieder vorbei und damit auch die Aufträge des Militärs. So konzentrierte sich Boeing auf Flugzeuge für die Personen- und Frachtbeförderung, ein weit blickender Entschluss. Es begann mit Postflügen zwischen Vancouver und Seattle und das Unternehmen wuchs kontinuierlich zu einem Konzern heran, der nicht nur Flugzeuge, sondern auch die dazugehörigen Motoren baute und eigene Fluglinien betrieb. Aus William E. Boeing jr. war ein US-amerikanischer Hugo Junkers geworden, vielleicht hatte er sich sogar an diesem orientiert, schließlich hatte der Multi-Unternehmer Junkers seine US-Aktivitäten mit seiner F 13 ebenfalls auf dem Postflugsektor begonnen. 1934 im Zuge der Anti-Trust-Gesetze der US-Regierung kam das Aus für den Konzern, er wurde entflochten. Aus dem zusammengekauften Imperium entstanden drei heute noch existierende Großunternehmen – der Flugzeugbauer Boeing, der Triebwerksbauer Pratt & Whitney und die Fluggesellschaft United Airlines, heute Teil der Star Alliance und Partner der deutschen Lufthansa. Die Zerschlagung seines Konzerns wollte Boeing nicht hinnehmen, er verließ den Chefsessel, verkaufte seine Aktien und betätigte sich von nun an vor allem als Gestütsbesitzer und Rennpferdzüchter. Dem Flugzeuggeschäft blieb er jedoch verbunden.
Für das Unternehmen Boeing kam der ganz große Aufschwung mit dem Zweiten Weltkrieg. Jetzt verließen unzählige Bomber die Fließbänder des nunmehrigen Flugzeugriesen Boeing und zerschlugen aus großer Höhe die Industrien und Städte des Landes, aus dem einst ein Einwanderer namens Wilhelm Böing auszog um das große Glück in Übersee zu machen. Zwar trugen die »Fliegenden Festungen« B-17 noch Boeings Namen, doch William Boeing jr. hatte mit den Vernichtungsmaschinen nicht mehr viel zu tun. Er war jetzt vor allem Privatmann, blieb jedoch ein gefragter Berater bei Boeing. Sein letzter großer Auftritt in seiner alten Firma war die Taufe der Dash-80 beim Rollout am 14. Mai 1954, die seine Frau Bertha in Williams Anwesenheit in Renton/Washington vornahm. Bertha Boeing sagte an diesem für Boeing denkwürdigen Tag: »I christen thee the airplane of tomorrow, the Boeing Jet Stratoliner and Stratotanker.« Das Jet-Zeitalter bei Boeing war im Beisein des Gründers eingeläutet.

Busemann, Schlichting, Schairer und die B-47. Mit deutscher Hilfe in eine neue Ära

Nach dem Zweiten Weltkrieg, in dem Boeing riesige Stückzahlen von B-17- und B-29-Bombern gebaut hatte, folgte der Absturz. Boeing musste Tausende Arbeiter entlassen, denn die Pentagon-Aufträge blie-

❑ *Gewaltige US-Bomberflotte mit B-17 »Flying Fortress« beim Angriff auf Neumünster am 8. April 1945.*

ben jetzt aus, die Fließbänder standen weitgehend still. Aber der beginnende »Kalte Krieg« der zunehmend uneinigeren Sieger ließ wieder Hoffnung für alle US-Flugzeugbauer aufkeimen. Und wieder brachten ausgerechnet deutsche Beiträge den Flugzeugkonzern aus Seattle auf Erfolgskurs. Zwei grundlegende Errungenschaften sollten die Zukunft des Weltluftverkehrs bestimmen – und beide kamen aus Deutschland. Schon die Piloten der US-Airforce hatten gestaunt, was ihnen gegen Ende des Krieges am deutschen Himmel begegnete – atemberaubend schnelle gegnerische Maschinen ohne Propeller, denen sie weder gewachsen waren noch folgen konnten.

Da es in England parallele Entwicklungen gab, wenn auch noch nicht serienreif, wussten die Ingenieurskorps, die den Jeeps, Trucks und Tanks der Kampfverbände folgten, sehr genau, wonach sie suchen mussten. Und sie wurden schnell fündig in den Flugzeugfabriken, Erprobungsstellen, Forschungsinstituten und Universitäten. Unter anderem im beschaulichen niedersächsischen Braunschweig. Hier betrieb Professor Adolf Busemann eingehende Forschungen zum Thema Hochgeschwindigkeitsflug, die ihn gemeinsam mit dem Kollegen Prof. Hermann Schlichting vom Institut für Aerodynamik der TU Braunschweig zu revolutionären Resultaten brachten.

Im Überschall-Windkanal der Luftforschungsanstalt (LFA) Völkenrode waren bereits praktische Resultate getestet worden – die zu Messungen eingesetzte Ju-287 verfügte nicht nur über Strahlturbinen, sondern auch bereits über einen gepfeilten Flügel, den Henrich Hertel, genialer Junkers-Chefkonstrukteur in Dessau bei diesem Modell in negativer Auslegung verwendete. Mit Strahlturbine und Flügelpfeilung waren alle

❑ *Adolf Busemann nach dem Krieg in den USA.*

notwendigen Weichen gestellt, um Luftverkehr im Jet-Tempo bis ins 21. Jahrhundert zu ermöglichen. Das war den Besuchern Prof. Busemanns im April 1945 auch schnell klar und so schrieb der Chef-Aerodynamiker von Boeing, George S. Schairer, der gemeinsam mit dem bedeutenden Aerodynamiker Prof. von Kármán das Institut in Völkenrode inspizierte, noch in Braunschweig einen bedeutsamen Brief an seine Firma in Seattle, die gerade einen neuen Bomber entwickelte. Er meldete Boeing die vorgefundene Sensation und empfahl dringend, die Arbeiten an dem neuen Projekt eines Strahlbombers zu stoppen und auf einen Pfeilflügel umzustellen.

Als die XB-47 im Dezember 1947 zum Erstflug abhob hatte sie einen nach Busemann ausgelegten, um 35 Grad nach hinten gepfeilten Flügel und unter ihren Flächen hingen Triebwerke nach dem Prinzip, das der

❑ *Als man im Rest der Welt von Überschall noch nichts »ahnte«, fanden schon Messungen geeigneter Rumpf- und Flügelprofile in deutschen Überschallwindkanälen statt, hier Hertels Ju-287 in Braunschweig.*

❑ Rollout der Boeing B-47 mit Pfeilflügeln Ende 1947: Ein damals ziemlich ungewöhnlicher Anblick.

Bei Annäherung an die Schallgeschwindigkeit verdichtet sich die Luft, es kommt zu starken Turbulenzen, die bis hin zum Strömungsabriss und Steuerungsverlust führen. Diese lebensgefährlichen Strömungsveränderungen hatten bereits etliche deutsche Testpiloten erlebt, auch alliierte Jagdflieger, die beim Luftkampf in extreme Sturzflüge gerieten, waren damit bereits konfrontiert worden. Das Phänomen wurde bekannt als »Schallmauer«. Die Luft komprimiert sich, es kommt zu Verdichtungsstößen bis hin zum Strömungsabriss und damit zum Absturz. Dieses Hindernis musste überwunden werden, wollte man hyperschnelle Kampfflugzeuge bauen. Die Lösung fand sich in deutschen Forschungsinstituten. Schon 1935 hatte Prof. Busemann seine praktischen Folgerungen aus seinen aerodynamischen Berechnungen mit dem Konzept des gepfeilten Flügels auf dem 5. Volta-Kongress in Rom den Fachkollegen aus aller Welt vorgetragen. Nur der schmale und gepfeilte Flügel gestattete die gefahrlose Annäherung an die Schallgeschwindigkeit – und vielleicht sogar das Überschreiten dieser Grenze. In deutschen Überschall-Windkanälen bestätigten Schlichtings Messungen diese Überlegungen, doch da außer in Deutschland keine serienreifen Strahltriebwerke verfügbar waren, hatten die Fachkollegen den Busemann-Vortrag längst vergessen. Es bestand keine Notwendigkeit sich mit der Frage zu befassen, was bei der Annäherung an die Schallgeschwindigkeit passieren würde, denn es standen bei den Alliierten keine Flugzeuge im Einsatz, die sich dieser Grenze außer in Ausnahmesituationen hätten nähern können. Und mit Kolbentriebwerken war eine Annäherung an die Schallmauer aus physikalischen Gründen unmöglich. Kein Thema also – außer in Deutschland. Hier befand sich bereits die zweite Generation der strahlgetriebenen Jagd- und Kampfflugzeuge auf den Reißbrettern. Zur Ausführung kamen diese Pläne nicht mehr, aber sie tauchten auf anderen Zeichenbrettern in England, den USA und in der Sowjetunion wieder auf. Und mit ihnen einige derjenigen, die sie entworfen hatten (Baade, Lippisch, Günther, von Ohain u.v.a.m.).

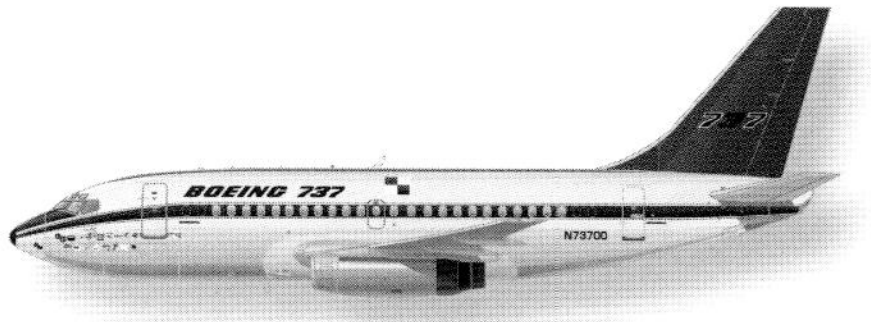

Dessauer Physiker Dr. Hans-Joachim Pabst von Ohain weltweit erstmalig bei Heinkel in Rostock am 27. August 1939 an dem Düsenflugzeug He 178 in die Luft brachte. Strahltriebwerk und Pfeilflügel waren Teil der Beute, auch Busemann nahm zeitweilig seinen Aufenthalt nach dem Kriege in den USA. Boeing war mit deutscher Nachhilfe in das Jet-Zeitalter gestartet und erhielt vor den anderen Wettbewerbern mit konventioneller Auslegung ihrer Prototypen den Zuschlag der Pentagon-Ausschreibung. Die B-47 erlebte ihre Indienststellung ab 1951, sie wurde zu einem Meilenstein in der Geschichte der Luftfahrt und zur Grundlage der Nachkriegs-Erfolgsgeschichte Boeings. Doch die ersten Verkehrsflugzeuge mit dünnem Pfeilflügel und Strahltriebwerken kamen nicht aus den USA.

Comet, Caravelle, Tupolev. Europa eröffnet das Jet-Zeitalter

Mit der B-47 und später B-52 war Boeing ins Jet-Zeitalter eingetreten, der Schritt zu einem zivilen Jet aber würde in Seattle noch Jahre dauern, gern ließ man hier anderen den Vortritt. Die Pionierleistung des ersten Düsenverkehrsflugzeugs kam von der englischen Flugzeugfirma de Havilland, ihre Comet eröffnete 1952 das Düsenzeitalter in der zivilen Luftfahrt, zu dem auch England einen beachtlichen Beitrag geleistet hatte. Es war der englische Luftwaffenoffizier Frank Whittle, der parallel zu von Ohain in Rostock mit einem Strahltriebwerk experimentierte. Doch ihm stand kein Ernst Heinkel zur Seite, seine Versuche kamen nur mühsam voran. Erst als Rolls Royce in

❑ *Prof. Dr. H.-J. Pabst von Ohain, 1911–1998, Erbauer des ersten flugfähigen Strahltriebwerkes der Welt mit einem Modell der He S 3B und (rechts) Dr. W. Hansen von der MTU.*

❑ *Adolf Busemann mit dem Modell einer F-86. So also sah ein Ergebnis seiner Forschungen aus. Die Ähnlichkeit mit der sowjetischen MiG 15 war keinesfalls verblüffend, eher im Gegenteil.*

sein Projekt einstieg, verbesserten sich die Chancen. Während in Deutschland bereits die Serienfertigung von Jumo 004, BMW 003 und He S8 lief, und Messerschmitt seine »Strahler« Me 262 in Geschwaderstärke in die Luft aufsteigen ließ, erhob sich erst gegen Kriegsende ein müder englischer Adler namens Gloster E 28/29 gemächlich wenn auch strahlgetrieben in den Himmel. Whittle bekam dafür den Adelstitel, auch wenn Sir Franks Flieger erst einmal in der Geschwindigkeit mit den schnellsten angloamerikanischen Kolbenmotorflugzeugen nicht mithalten konnte. Und die wiederum nicht mit Me 262 und Arado 234 oder Heinkel He 162. Aber das ist eine andere Geschichte – zurück zu Boeing.

Dort beobachtete man die Fortschritte der Briten sehr interessiert und war ebenso entsetzt wie alle anderen Flugzeugbauer, als die englischen Träume buchstäblich in der Luft zerplatzen. Die revolutionäre Technik hatte ihre Risiken zu erkennen gegeben, der Tribut war schrecklich. Die Comet I wurde aus dem Verkehr gezogen und de Havilland erlebte das schlimmste Debakel in der Firmengeschichte. Die Idee des strahlturbinengetriebenen Verkehrsflugzeuges war – wenn auch nur vorübergehend – erst einmal tot. Nein, nicht ganz. Bei der französischen Sud Aviation, übrigens einer späteren Keimzelle von Airbus Industries, erlebte die Caravelle im Mai 1955 ihre Geburtsstunde, bei Tupolev in der Sowjetunion stiegen die ersten TU-104 ab Juni 1955 in die Lüfte und schockierten bei ihrem Eintreffen auf Flughäfen im Westen ab 1956 die Experten. Auch die Sowjets hatten das Prinzip von Pfeilflügel und Strahltriebwerk begriffen und umgesetzt. Das war übrigens schon gegen Ende des Korea-Kriegs deutlich geworden: Dass sich am dortigen Himmel zwei sehr ähnliche Maschinen Luftkämpfe lieferten war kein Zufall: MiG 15 und F-84F hatten schließlich die gleichen deutschen Eltern (Messerschmitt P1101).

Der Schritt über die Schwelle – die Boeing 367-80.

Nachdem US-Wettbewerber Douglas seinen DC-8-Jet bereits im Juni 1955 angekündigt hatte, wollte nun auch Boeing nicht länger zurückstehen. Nach dem Rollout am 14. Mai 1954 folgte wenig später, am 15. Juli desselben Jahres, der Erstflug des Prototypen 367-80, der als »Dash 80« (Dash = engl. für Bindestrich) in die Luftfahrtgeschichte einging. Am 14. Oktober 1955 erteilte der Chef der Pan Am, Juan Trippe, den ersten Großauftrag über 20 Boeing 707, parallel bestellte Trippe 25 DC-8 bei Douglas. Die Airline-Konkurrenz war düpiert, denn der »Jet-Coup«, wie man ihn heute nennt, reservierte die Baukapazitäten der beiden größten US-Hersteller für die nächsten zwei Jahre exklusiv für die Pan American. Die erste Auslieferung der nun Boeing 707 genannten Maschine in den Liniendienst erfolgte 1958. Während aus der Dash 80 der Tanker KC-135 entstand, hatte die Boeing 707 mittlerweile mehrere umfangreiche Modifikationen hinter sich und übertraf im Rumpfquerschnitt knapp die konkurrierende Douglas DC-8. Zwei Modelle waren aus dem Prototypen Dash 80 entstanden, der zusätzliche Aufwand der grundlegend veränderten Boeing 707 sollte sich auszahlen.

❑ *Keine Fenster, kein Komfort: Rollout der »Dash 80« in Renton mit Bertha und William jr. am 14. Mai 1954.*

❑ ***Die letzten Testflüge unter dem neuen Namen: Die Boeing 707 kurz vor dem Aufsetzen bei Seattle.***

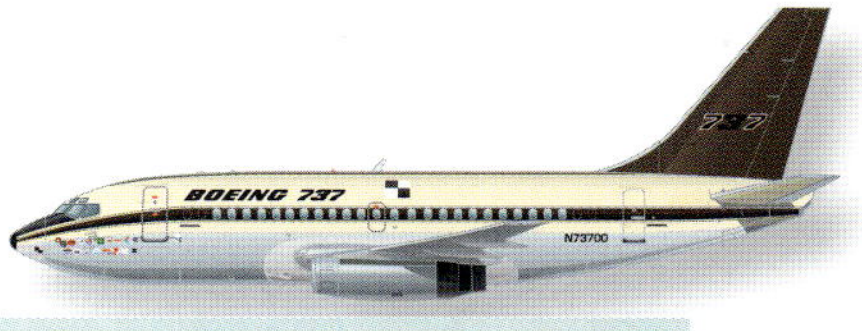
BOEING 737

BOEING
707
N70700

Glücksgriff 707 – ein Boeing-Jet dominiert die Langstrecken

Die Boeing 707 war ein Langstreckenflugzeug und hatte auf diesen Strecken am Himmel der westlichen Welt zu Beginn des Jet-Zeitalters drei Wettbewerber: Die Comet IV aus England und als schärfsten Konkurrenten die DC-8 von Douglas aus den USA. Ebenfalls aus den USA kam auch die CV880/990 Coronado von Convair, die jedoch nur mäßige Resonanz fand und nach wenigen Jahren und nur knapp 40 gebauten Exemplaren bereits 1965 ihr Produktionsende erlebte. Die Comet IV konnte den Makel des Vorgängermodells nicht tilgen, sie verschwand bereits Anfang der 80er-Jahre wieder aus dem Weltluftverkehr, nachdem sie vorher nahezu ausschließlich zwischen Großbritannien und den Ländern des Commonwealths verkehrte. Mit dem Ende der britischen Kolonien kam auch das Ende der Comet IV.

❑ *Der Boeing »Intercontinental Jet« 707 war ab März 1960 das Flaggschiff der Lufthansa-Flotte und unersetzliches Rückgrat des Langstreckenverkehrs.*

D-ABOS
A
BOEING 707

❑ *Hauslieferant auch für den Iran: Noch musste man in den Vereinigten Staaten kaufen, andere Hersteller standen zu 707-Zeiten nur bedingt zur Verfügung.*

Gefährlicher als der Jet aus England war die verbliebene Konkurrenz aus dem eigenen Lande – Douglas aus Kalifornien. Die DC-8 verkaufte sich gut und machte der Boeing 707 das Leben schwer, denn die Airlines hatten jetzt die Wahl zwischen zwei Herstellern und nutzten das natürlich in den Preisverhandlungen. Es gab schließlich immer eine Alternative. Das war und blieb für die Fluggesellschaften ein gewichtiges Argument: Bloß kein Monopol entstehen lassen, das bedeutete Preisdiktat und das galt es unbedingt zu verhindern. Doch Alternative hin, Alternative her – am Ende zahlte sich das ein klein wenig Mehr an Platz und das vielleicht doch etwas elegantere Erscheinungsbild aus: Nach und nach hängte die Boeing 707 den ungeliebten Konkurrenten aus Kalifornien ab. Die DC-8 erreichte etwa 560 Auslieferungen, die Boeing 707 aber konnte die 1000er-Grenze überschreiten. Damit war sie jetzt unangefochten Weltbestseller und die klare Nr. 1 auf den Interkontinentalstrecken rund um den Globus. Boeing stand nun bei den Jets ganz oben auf dem Treppchen und sollte ab den 70er-Jahren sogar noch einmal zusätzlichen Schub entwickeln.

Die Langstreckenjets Boeing 707 und Douglas DC-8 standen in den 60er- und 70er-Jahren in nahezu allen Interkontinentalflotten der namhaften Fluggesellschaften weltweit im Einsatz und waren die Arbeitspferde auf den Langstrecken. Erst durch diese Jets wurde das Fliegen jetzt wirklich demokratisiert, denn ein Jet vervierfachte aufgrund der höheren Geschwindigkeit und der höheren Sitzplatzzahlen gegenüber Flugzeugen mit Kolbenmotoren die Kapazität auf den jeweiligen Strecken. Das führte zu sinkenden Preisen, denn die erweiterte Kapazität wollte ja auch verkauft werden. Das erreichten die Airlines am besten über den Preis und so stiegen die Fluggastzahlen in bis dahin unerreichte Höhen. Jeder auf die Malediven, Herr und Frau Nachbar in der Karibik, der Kollege an den Niagara-Fällen. Das Fliegen wurde vom exklusiven Reisen betuchter Kreise zum Massenverkehrsmittel. Erst die Jets machten es möglich.

Die Boeing 707 blieb im Weltluftverkehr das Maß aller Dinge und in der Zivilversion bis Ende der 70er-Jahre in der Produktion. Sie wurde aber schon zuvor von einem Produkt aus dem eigenen Hause bedrängt und allmählich abgelöst, dem sie nichts mehr entgegenzusetzen hatte und das eine neue Epoche einleitete: Der Boeing 747. Mit den in den 70ern aufkommenden Großraum-Jets begann eine neue Zeit im Luftverkehr. Jetzt wurde die Karten grundlegend neu gemischt, Wettbewerber gerieten auf das Abstellgleis, es kam zu Fusionen und ein gänzlich unerwarteter Konkurrent aus Europa trat neu auf den Plan: Airbus Industries. Allerdings startete Airbus seinen Aufstieg zuerst auf den Kurz- und Mittelstrecken. Und da hatten Boeing, Douglas, die Engländer und Franzosen erst einmal vorgelegt.

Flotter Dreier 727 – Boeings erster Jet für Kurz- und Mittelstrecken

Schon vor dem Start der Boeing 707 entstand in Seattle die Idee, das Langstreckenmodell um ein strahlgetriebenes Flugzeug für Kurz- und Mittelstrecken zu ergänzen. Bei der Konzeption dieser Maschine schlug Boeing zwei Fliegen mit einer Klappe als man sich entschied, den Rumpfquerschnitt der 707 und die Bugsektion zu übernehmen. So erzielte man enorme Kostenvorteile beim Bau der dreistrahligen Boeing 727, die nun die Langstreckenflotte um ein Modell für kürzere Strecken erweitern sollte.

Erstmals griff Boeing bei der 727 auch auf Anregungen der Engländer und Franzosen zurück und stattete sein neues Modell wie die Wettbewerber mit den Motoren am Heck aus. Dazu bekam das neue Muster ein T-Leitwerk – eine für Boeing ungewohnte Auslegung. Und so machte sich das Flugzeug auf den Weg zum Marktführer. Am 9. Februar 1963 erhob sich der neue Vogel erstmals in die Lüfte, ein Jahr später nahm er bei den ersten Kunden in den USA den Liniendienst auf. In Europa sollte man sie vor allem bei der Lufthansa unter der Bezeichnung »Europa-Jet« kennenlernen. Die Kranich-Linie war der erste ausländische Kunde für das neue Modell und war dabei, ihre Flotte gänzlich auf den US-Hersteller auszutrimmen. Populär wurde die Maschine auch bei den Berlinern, denn die Pan Am setzte sie für den Korridorverkehr mit Westdeutschland ein.

Die 727 konnte die Erfolgsstory der 707 sogar noch übertreffen – mit insgesamt über 1830 ausgelieferten Maschinen war sie längere Zeit das meist verkaufte Düsenverkehrsflugzeug weltweit und bekam schon bald eine kleine Schwester – und gleichzeitig den Wind des Wettbewerbs zu spüren. Die Boeing 727 stand während

❑ *Die Pan Am war einer der besten und treuesten Boeing-Kunden.*

❑ *Die Maschine mit den fünf Ringen am Heck könnte direkt aus Olympia kommen. Es ist schließlich eine Boeing 727 der griechischen Olympic Airways.*

❑ *Der Prototyp der Boeing 737-100 bei seinem Erstflug. Er ist nach seinem Dienst unter deutscher Flagge noch immer am Himmel zu finden und fliegt heute für die NASA.*

❑ *Dicht auf den Fersen: Die Douglas DC-9/MD-80, die über eine ausgezeichnete Aerodynamik verfügte. Ein ausgesprochen sanfter Flieger, angenehm für die Fluggäste und äußerst erfolgreich.*

ihrer aktiven Zeit bei unzähligen Gesellschaften in aller Welt im Einsatz und war lange Zeit ein Star auf Kurz- und Mittelstrecken. Ihre Beliebtheit bei Fluggästen und Airlines konnten weder Trident noch BAC 1-11 noch Caravelle erreichen. Originell war die im Heck eingebaute Treppe, die das Flugzeug unabhängig von Fluggastbrücken und externen Fahrtreppen machte. Für Fluggäste, die zu spät eintrafen, war das eine äußerst praktische Einrichtung, wenn sich die Crew kooperativ zeigte. Dank der eingebauten Treppe konnte man doch noch in letzter Sekunde einsteigen und mitfliegen.

Nur die DC-9 vom hartnäckigen Wettbewerber Douglas kratzte an der dominanten weltweiten Spitzenstellung der 727. Die DC-9 und spätere MD-80 sowie ihre diversen Nachfolger bis hin zur Boeing 717 brachten es sogar auf eine deutlich höhere Stückzahl als die 727 mit insgesamt fast 2500 ausgelieferten Exemplaren. Allerdings kann man die beiden Flugzeuge nur bedingt vergleichen – nimmt man nur die DC-9 mit ihrer geringeren Sitzplatz-Kapazität, kommt das Flugzeug zu seinen Douglas-Zeiten auf knapp 1000 Auslieferungen, was aber dennoch eine beachtliche Zahl darstellt. Mit den späteren Derivaten als McDonnell Douglas MD-80 plus Nachfolger sowie Boeing 717 ergibt sich die o.g. Gesamtstückzahl.

Die Boeing 727 blieb über Jahrzehnte im Einsatz, bei der Lufthansa beispielsweise wurde sie erst 1992 – nach 28 Jahren Dienstzeit – ausgemustert. Ihr Nachfolger allerdings nicht nur bei der Lufthansa konfrontierte den mittlerweile etwas behäbigen und selbstgefälligen US-Konzern mit einer neuen, ungewohnten und ärgerlichen Situation, die man anfangs nur als lästig betrachtete. Ein Fehlschluss mit Folgen.

Boeing 737 – vom ungeliebten Baby zum Weltbestseller

Die Boeing 737 brauchte intensive Geburtshilfe, um überhaupt das Licht der Welt zu erblicken – und sie kam im Vergleich zum Wettbewerb sehr, sehr spät. Schon seit dem 6. Mai 1959 flog die für Kurz- und Mittelstrecken konzipierte französische Caravelle im Liniendienst. Sie war der Pionier für diese Strecken in der westlichen Welt. Und als die Lufthansa am 10. Februar 1968 mit ihrer ersten 737-100 – übrigens das Flug-

❑ *Eine Boeing 737-100 der Lufthansa in den 60er-Jahren. Ab den 80er-Jahren kam bei der Kranich-Airline die 737-300 mit dem neuen CFM-56-Triebwerk zum Einsatz.*

zeug, mit dem auch der Erstflug erfolgte – den Liniendienst aufnahm, flogen in der westlichen Welt bereits DC-9, Caravelle, BAC 1-11 und Trident aus Großbritannien sowie im Ostblock die TU 134.

Und fast hätte es die technisch gegenüber der 727 völlig anders konzipierte Boeing 737 überhaupt nicht gegeben. Denn als Boeing 1964 mit ersten ernsthaften Studien für ein zweistrahliges kleineres Flugzeug begann, stellte sich heraus, dass bei den Fluggesellschaften nur wenig Bedarf an einem weiteren Twinjet bestand. Mit einer Ausnahme: die Deutsche Lufthansa signalisierte Interesse. Sie wollte eine möglichst homogene Flotte auf allen Streckenkategorien und drängte daher auf einen 100-Sitzer aus dem bevorzugten Stall. In Köln war man ganz besonders an der 737 interessiert, weil man sich »Synergie-Effekte« mit

❑ **Boeing 737 aktuell, hier eine 737-700 der »Next Generation«-Reihe mit ihren auffälligen großen Winglets der TUIfly auf dem Weg zur Runway.**

TUIfly.com

❑ *Topseller weltweit: Boeing 737, hier eine bunte 737-800 mit Winglets für den kanadischen Ferienflieger Sunwing aus Toronto.*

den bereits eingesetzten Mustern 707 und 727 versprach. Eine konsequent auf Boeing ausgerichtete Flotte sollte deutliche Kosten- und Handlingvorteile bringen.

Aber Boeing-Chef Bill Allen wollte anfangs nicht. Er hatte im Herbst 1964 zwar die Freigabe für den Programmstart erteilt, die Produktion sollte jedoch nur aufgenommen werden, wenn ausreichend Bestellungen vorlagen. Doch damit sah es finster aus. Ein mühsamer Start – lag das vielleicht an der gegenüber den Wettbewerbern anderen Auslegung des neuen Modells? Sud Aviation, die Sowjets, Douglas und die Briten hatten sich bei ihren vergleichbaren Modellen alle für einen Zwei- oder Dreistrahler mit Triebwerken am Heck entschieden – so wie auch die dreistrahlige Boeing 727. Da Boeing seinen Entwurf mit dem gleichen Rumpfquerschnitt wie 727 und 707 vorsah und davon ausging, dass neben der ebenfalls übernommenen Bugsektion möglichst viele weitere Komponenten anderer Baureihen auch beim neuen Flugzeug Verwendung finden sollten, musste für die Anordnung der Triebwerke jedoch eine eigene Lösung gesucht werden. Denn die Aerodynamiker hatten bei dem gedrungenen Rumpf Bedenken, dass es mit Hecktriebwerken bei dieser Konzeption zu Leistungsabfällen kommen konnte. Hinzu kam, dass die Konstrukteure weg wollten vom nicht unproblematischen T-Leitwerk, das sie zwar selbst bei der 727 verwendeten, das aber nicht die optimale Lösung für die 737 sein konnte. Blieb nur, sich an der 707 zu orientieren. Doch für Triebwerks-Ausleger fehlte bei der geplanten Konstruk-

tion die Bodenfreiheit, also integrierte man die Aufhängungen der zwei Strahlturbinen direkt in den Flügel. Auch Boeing entwarf – wie die meisten Wettbewerber – ein Zweimann-Cockpit, stieß aber damit zuerst auf behördlichen Widertand. Doch geforderte Tests bestand man mit Bravour und erhielt nun ohne weitere Probleme die Muster-Zulassung mit nur zwei Piloten.

Nach und nach kristallisierte sich allerdings heraus, dass es zu Beginn dieses Programms nur einen einzigen Kunden geben würde – die Deutsche Lufthansa. Und die begann bereits ungeduldig mit dem Konkurrenten aus Long Beach zu liebäugeln. Allerdings hatte Boeing mit dem damaligen Technikvorstand Gerhard Höltje einen mächtigen Fürsprecher bei der deutschen Fluglinie – und Höltje setzte sich vehement für seinen Favoriten aus Washington State ein. Er hatte wohl den größten Anteil daran, dass Boeing die 737 dann doch baute. Mit einer Bestellung von 21 Flugzeugen gaben die Deutschen den Startschuss für das Programm. Und langsam fand die neue Boeing 737-100 jetzt auch das Interesse anderer Gesellschaften, die allerdings gern noch mehr Passagiere an Bord sehen wollten. So modifizierte Boeing das Modell und es entstand die 2 m längere Boeing 737-200 mit rund 130 Sitzen, von der United Airlines am 5. April 1965 gleich 40 Maschinen orderte. Das war der Durchbruch, obwohl der Erstflug der 737 noch überhaupt nicht stattgefunden hatte. Am 9. April 1967 hob der Prototyp der Boeing 737 zum Erstflug ab. Er war auch die erste Maschine, mit der die Lufthansa den Linienbetrieb aufnahm. Das Flugzeug steht noch heute in den Diensten der NASA. Von den nur 30 gebauten Exemplaren der Serie 737-100 gingen allein 22 Stück an die deutsche Fluglinie. Sie hatte als »launching carrier« mit ihrer Bestellung die Initialzündung dafür geliefert, dass dieser Flugzeugtyp überhaupt in Serie ging.

Die anfangs so unterschätzte Boeing 737 entwickelte sich über die Jahre zum Bestseller schlechthin im Markt für strahlgetriebene Verkehrsflugzeuge und kann wohl zu Recht heute als Boeings »cashcow« bezeichnet werden. Ohne sie sähe es eher düster im Boeing-Hauptquartier in Chicago aus. Auf die 737-100 und 737-200 folgte schon bald die erfolgreiche 737-300-Serie mit neu entwickelten Triebwerken. Sie und ihre größeren Schwestern 737-400 und 737-500 überholten im Jahre 1990 die bis dato hausintern nach ausgelieferten Stückzahlen führende Boeing 727 und belegten ab diesem Jahr mit ihren Nachfolgern bis heute unangefochten den ersten Platz auf der Liste der weltweit verkaufsstärksten Verkehrsflugzeuge. Die Boeing 737 verzeichnet eine einzigartige Karriere im Weltluftverkehr. Seit mehr als vier Jahrzehnten in der Produktion hat sie noch immer nicht ausgedient. Mit den neuesten Versionen -800 und -900 überschreitet sie sogar die Zahl von 200 Sitzplätzen, in Spezialversionen ist sie mittlerweile auch langstreckentauglich (Private Air), mit ihren »blended winglets« und völlig neu gestaltetem »Glas-Cockpit« hält sie bis in unsere Tage ihre Spitzenstellung und verzeichnet mehr als 500 Fluggesellschaften auf ihrer Kundenliste. Im Juni 2010 hat Boeing angekündigt, die Produktionsrate von bisher 31,5 Flugzeugen pro Monat auf monatlich 35 Auslieferungen im Jahr 2012 zu steigern. Die Nachfrage für die Boeing 737 ist also unverändert stark.

Zwar ist mit der Airbus A320-Familie ein äußerst erfolgreicher Wettbewerber auf den Markt gekommen, der alljährlich sogar höhere Auslieferungen melden kann – aber in der Summe der gebauten Flugzeuge reicht diese Airbus-Reihe mit bisher über 4000 ausgelieferten Flugzeugen noch nicht an den Konkurrenten aus den Vereinigten Staaten heran. Mit dem Wettbewerber Bombardier und seiner C-Serie dauert es mindestens noch bis 2013, Embraers E-Jets

❑ *Noch immer auf Erfolgskurs: Boeing 737-800 Next Generation mit »Blended Winglets« der Airberlin.*

D-ABKC

❏ *Aktuellste 737-Version in Kranich-Diensten: die 737-500.*

sind zwar mit mittlerweile fast 900 Bestellungen ebenfalls äußerst erfolgreich – doch Brasilianer und Kanadier sind noch Lichtjahre von den Zahlen bei Boeings 737 entfernt. Boeings Erfolgsgeschichte mit diesem zu Beginn so ungeliebten Flugzeugtyp ist bis heute unerreicht und unübertroffen und bleibt wohl auch einmalig.

Beim Erstkunden Lufthansa ist die Boeing 737 nach wie vor sehr gefragt: 89 Flugzeuge dieses Typs verzeichnet der letzte Zwischenbericht 2010 des ehemaligen »launching carriers« in seiner derzeitigen Flotte (mit Austrian Airlines und British Midland). Weiterhin »blue skies« und guten Flug also Boeing 737, in welcher Version auch immer.

»Wenn Ihr sie baut, dann kaufen wir sie.« Die Boeing 747

Im Jahr 1969 zog Boeing mit einem Paukenschlag die Aufmerksamkeit von Experten und Weltöffentlichkeit auf sich: Ein Gigant trat ins Rampenlicht – die am 9. Februar 1969 zum Erstflug gestartete Boeing 747 setzte neue Maßstäbe, der Jumbo war geboren. Boeing hatte aus einer verlorenen Beteiligung an einer militärischen Ausschreibung, die Lockheed gewann, eine Tugend gemacht und den Wettbewerbsentwurf zu einem Zivilflugzeug umfunktioniert: Der Großraum-Jet mit zwei Gängen in der Kabine sollte von nun an über Jahrzehnte am Himmel den Ton angeben. Doch das neue Flugzeug würde auch über kurz oder lang das Ende der Boeing 707 besiegeln, sie wurde nach und nach von ihrem überlegenen Nachfolger abgelöst.

Ähnlich wie bei der Entwicklung der Boeing 707 wird auch bei der 747 deutlich, dass es offenkundige Zusammenhänge zwischen Geldern aus dem Pentagon und Boeing-Zivilflugzeugen gab und gibt. War die Tankerausschreibung der Startschuss für die 707 so war die Transporter-Ausschreibung die Initialzündung für den Jumbo Jet. Subvention oder nicht? Die Übergänge sind fließend und nicht exakt abzugrenzen. Boeing kann nicht wirklich behaupten, dass es bei seinen Entwicklungen von Zivilflugzeugen gänzlich frei von Zuwendungen aus staatlichen Töpfen zugeht. Die Zusammen-

❑ *Boeing 747-100 der Pan Am im Landeanflug.*

BOEING 737
737
N73700

BOEING 757-300

JAMIE LOESCH
KEN HIGGINS
BOEING 747-400

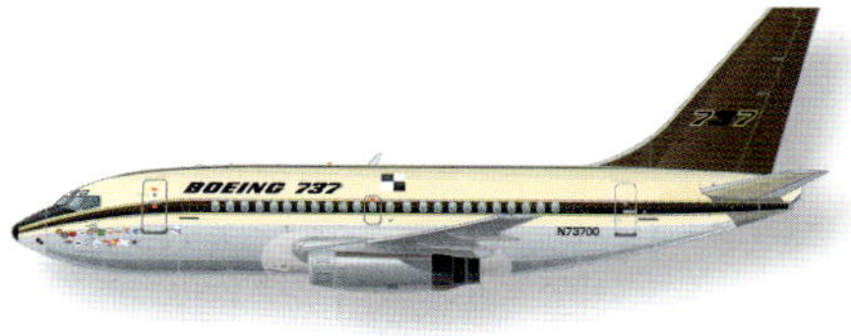

❑ *Einige Boeing-Modelle im Laufe der Jahre.*

❑ *Keine der namhaften internationalen Fluggesellschaften wollte auf den Jumbo-Jet verzichten, er war geradezu ein Muss für jede Airline, die etwas auf sich hielt.*

hänge sind offenkundig und verbieten es eigentlich, auf eventuelle Sünden von Wettbewerbern zu verweisen.
Bei der 747 hatte die Pan Am erneut Geburtshelfer gespielt. Legendär bis heute ist der angeblich stattgefundene Dialog von Boeing-Chef Allen mit Pan Am-Chef Trippe, der zum Präsident von Boeing sinngemäß gesagt haben soll: »Wenn ihr sie baut, dann kaufen wir sie.«, worauf der Boeing-Chef erwiderte: »Okay – wenn ihr sie kauft, dann bauen wie sie«. Ob das wirklich so abgelaufen ist sei dahingestellt – aber auf jeden Fall war Pan Am der »launching carrier« und erteilte am 14. April 1966 den Erstauftrag mit einer Bestellung von 25 Maschinen des Jumbo Jets.
Am 9. Februar 1969 hob die erste 747 in Everett ab, ein Flugzeug, das nun den Maßstab über den Wolken setzte und das über Jahrzehnte hinweg nahezu konkurrenzlos. Boeings Auftragsbücher und vor allem die Kassen füllten sich; Boeing hatte in der Tat einen großen Wurf gelandet. Bis heute sind rund 1400 Exemplare des Giganten ausgeliefert. Doch möglicherweise hat der Bestseller seinen Zenith bereits überflogen.

Glücklose Konkurrenz – Lockheed Tristar und McDonnell Douglas DC-10

Der Vollständigkeit halber müssen in der Firmengeschichte auch noch zwei weitere Wettbewerber genannt werden, denn Widebodies für die Langstrecke gab es in den 70ern, 80ern und 90ern keineswegs nur aus Seattle. Auch Lockheed und Douglas, seit 1967 McDonnell Douglas, hatten entsprechende Modelle im Programm. Allerdings schöpfte Boeing wieder einmal den Rahm ab, die beiden anderen US-Hersteller mussten sich mit dem begnügen, was Boeing übrig ließ. Man kam gegen den übermächtigen Koloss aus Washington State einfach nicht an. Sowohl Lockheed als auch Douglas hatten ihre Großraum-Jets für die Langstrecke in der Kapazität ein wenig unter der 747 angesiedelt und auch technisch eine andere Konzeption gewählt. Sowohl der Tristar als auch die DC-10 waren Dreimotorer, sie erfüllten mit dieser Konfiguration alle FAA-Anforderungen und boten eine echte Alternative zum Giganten aus Everett.

Doch der Erfolg stellte sich nicht in dem erhofften Maße ein. Als erster musste Lockheed die Segel streichen, trotz technischer Raffinessen und großer Beliebtheit der »TriStar« bei den Cockpit-Crews gelang es nicht, ausreichend Bestellungen für eine Langstrecken-Großserie zu sammeln. Damit

❑ *Die Lockheed L-1011 TriStar war ursprünglich nur für Kurz- und Mittelstrecken gedacht, die spätere Langstreckenversion fand nur wenig Anklang, die Produktion der L-1011 lief 1995 aus.*

war das Ende der Produktion abzusehen, denn der Flugzeugbau rentiert sich für die Hersteller natürlich nur, wenn es gelingt, auf ausreichende Stückzahlen zu kommen. Diese Hürde konnte Lockheed mit seiner ursprünglich nur für Kurz- und Mittelstrecken konzipierten L-1011 nicht überspringen. Nach nur 250 gebauten Exemplaren stellte der für seine kühnen Entwürfe berühmte US-Hersteller (z.B. Super Constellation) am 19. August 1993 mit der Auslieferung der letzten Maschine an TAP Air Portugal die L-1011 und damit gleichzeitig die Herstellung von Zivilflugzeugen insgesamt komplett ein. Lockheed hatte entschieden, sich zukünftig ausschließlich auf Rüstungsprojekte zu konzentrieren.
Blieb noch McDonnell Douglas mit der DC-10, die sich deutlich besser verkaufte. Allerdings nicht so gut wie die 747. Die DC-10 erreichte mit rund 450 ausgelieferten Flugzeugen beinahe die doppelte Stückzahl der TriStar, die Produktion des Modells wurde 1988 zugunsten der MD-11 eingestellt. Das ähnliche Nachfolgemodell MD-11 brachte es bis zum Produktionsende 2001 auf insgesamt rund 200 Maschinen. Rechnet man beide Jumbo-Konkurrenzmodelle zusammen, so erreichten Lockheed und McDonnell Douglas gemeinsam etwas mehr als die Hälfte der ausgelieferten 747-Modelle, wobei noch zu berücksichtigen ist, dass Boeing den Wettbewerber McDonnell Douglas im Jahre 1997 übernahm. Wäre zu dem Zeitpunkt nicht bereits Airbus äußerst aktiv auch auf der Langstrecke vertreten gewesen, hätte Boeing für das Langstreckensegment der Großraumflugzeuge ein Monopol etablieren können. Doch der Markteintritt von Airbus mit der A330 und A340 hat die Alleinstellung eines einzigen Herstellers in diesem Bereich verhindert.

❑ Die McDonnell Douglas DC-10 (später MD-11) war bei den Airlines beliebt und auch im Verkauf erfolgreich. Aber Seattle war mächtiger, schluckte 1997 den Wettbewerber und setzte die MD-11-Produktion fort.

Airbus vs. Boeing
Wettstreit der Giganten

BOEING 737
737
N73700

Wer sind denn nun eigentlich genau die Wettbewerber? Dieser Frage gilt es erst einmal nachzugehen, wenn man vom Konkurrenzkampf zwischen Airbus und Boeing spricht. Die Zivilflugzeugsparte heißt bei Boeing »commercial airplanes« und beinhaltet etwa die Hälfte des Gesamtgeschäfts. Denn Boeing ist nicht nur Hersteller von Zivilflugzeugen. Boeing ist auch ein bedeutender Rüstungskonzern und beackert ein umsatzträchtiges Geschäftsfeld in der Weltraumtechnik. Das ist in etwa die andere Seite der Medaille. Die Zivilflugzeug-Sparte stellt also nur eine von drei sog. »divisions« im Gesamtgeschäft des Boeing-Konzerns.

BOEING

Boeing divisions
A) commercial airplanes
B) defense & security
C) space
Konzernumsatz (2009) 68,3 Milliarden US-Dollar
159.000 Beschäftigte
weltweit Branchenführer Luft- und Raumfahrt, Rüstung

Boeing-Management

James McNerney: President Chief Executive Officer Boeing (CEO)

Jim Albaugh: President CEO Commercial airplanes

Ähnlich sieht es bei Airbus Industries aus. Denn bei detaillierter Betrachtung ist auch Airbus nur ein – wenn auch bedeutendes – Geschäftsfeld in einem größeren Konzern, der wie Boeing ebenfalls im Rüstungs- und Weltraumgeschäft aktiv ist: EADS (European Aeronautics Defence and Space company).

EADS

EADS divisions*
A) Airbus S.A.S.
B) Defence
C) Space
Konzernumsatz (2009) 42,8 Milliarden Euro
119.500 Beschäftigte
nach Boeing weltweit die Nr. 2 der Branche

EADS/Airbus-Management

Louis Gallois: Chief Executive Officer EADS

Dr. Thomas Enders: CEO Airbus

*O-ganigramm-Enthusiasten mögen hier aufstöhnen, selbstverständlich gehören auch Eurofighter/Typhoon und Eurocopte- zu der »Aeronautics«. Aber zur Vergleichbarkeit scheint diese Form der Darstellung geeigneter.

❑ *Wer über das nötige Kleingeld verfügt, kann hier buchen: Boeing 737 in BBJ-Konfiguration mit nur 44 Sitzen der Private Air aus der Schweiz.*

Die direkten Konkurrenten im Airline Business sind demnach jeweils eine »Division« von The Boeing Company und der EADS, also »Boeing commercial airplanes« vs. »Airbus«. Auch der Begriff der Zivilflugzeuge oder »commercial airplanes« verlangt allerdings eine präzisere Definition, denn weder Boeing noch Airbus decken alle Segmente des Zivilflugzeugmarktes ab. Auch die EADS-Beteiligung ATR sowie das verbundene Unternehmen Dassault oder Hersteller wie Cessna, Piper, Lear, Beechcraft, Gulfstream oder Bombardier in Nordamerika stellen Zivilflugzeuge her – von Zubringermaschinen bis zu vielsitzigen Geschäftsreiseflugzeugen.

Doch Geschäftsreiseflugzeuge im üblichen Sinne meinen weder Boeing noch Airbus. Sie besetzen den Markt der strahlgetriebenen Linien- oder Verkehrsflugzeuge, ihre Kunden sind mehr oder weniger etablierte Linienfluggesellschaften, Ferienflieger und Low-Cost-Carrier, ein weltweit riesiger Markt. Die anderen Marktsegmente spielen für die beiden Großkonzerne nur sehr bedingt eine Rolle. Für entsprechend betuchte Kunden allerdings haben beide, Boeing wie Airbus, ein passendes Modell im Programm und bedienen diese lukrative Nische mit beachtlichem Erfolg. Bei Boeing ist es der BBJ (Boeing Business Jet auf Basis der 737) und bei Airbus der ACJ (Airbus Corporate Jet auf Basis A320-Familie).

Das mit den exakten Abgrenzungen ist also in unserer Zeit nicht mehr so ganz einfach. Neben den bereits aktiven Konkurrenten Embraer/Brasilien und Bombardier/Kanada erscheinen bereits neue Wettbewerber am Horizont – beispielsweise aus China –, die ebenfalls in die einstige Domäne von Boeing/Douglas und Airbus drängen. Man grenzt sich bisher über die Sitzplatzkapazitäten ab – der Markt der beiden Hechte im Karpfenteich sind Linienflugzeuge mit mehr als 100 Sitzen, doch sind hier die Grenzen zu den anderen Herstellern mittlerweile flie-

❑ *Bei Airbus Industries bilden A318/319 die Basis für den ACJ. Die Innenausstattung – und darauf kommt es an – wird individuell nach Kundenwunsch installiert.*

ßend. Man bekommt eine Embraer 195 mit bis zu 118 Sitzen, eine Boeing 737(-600/-900) mit 110 bis 215 Plätzen oder einen Airbus der A320-Familie ab 107 bis 220 Sitzen (A318, A319, A320, A321). Im gleichen Bereich Kunden gewinnen will demnächst die Bombardier C-Serie mit 100 bis 150 Sitzen. Die Unterschiede sind also diffuser geworden und die Grauzone zwischen den Herstellern nimmt zu. Im Marktsegment der Verkehrsflugzeuge mit einem Gang und 100 bis 200 Plätzen herrscht Unruhe und ein heftiger Wettbewerb unter jetzt vier Herstellern, die sich alle um ein möglichst großes Stück vom Kuchen bemühen. Allerdings ist die C-Serie von Bombardier noch nicht auf dem Markt. China steht ebenfalls bereits in den Startlöchern – und wie weit Russland mit seinem neuen Superjet 100 von Suchoi und Irkut MS-21 im Kampf um Marktanteile auf dem Weltmarkt gegenüber den etablierten Anbietern Kunden findet, wird sich auch bald zeigen. Nur noch im Segment der Flugzeuge mit zwei Gängen (twin aisles) und auf Langstrecken dominieren die beiden Großkonzerne nahezu außer Konkurrenz und teilen den Markt allein unter sich auf. Ob das allerdings langfristig so bleiben kann lässt sich heute nicht zuverlässig prognostizieren.

Was bitte sind Subventionen?

Selbst die WTO (World Trade Organization) tut sich schwer wenn es darum geht, erlaubte staatliche Subventionen von unerlaubten Zuwendungen abzugrenzen. Das ist nämlich wie bereits gesehen keinesfalls einfach und weitgehend eine Ermessensfrage. Und genau deshalb laviert man in den diversen Gremien seit Jahren und kommt nur zu »sowohl-als-auch«-Beschlüssen. Wo beginnt die Illegalität? Boeing ist der größte Exporteur der USA insgesamt; kein anderes Unternehmen führt höhere Warenwerte aus den Vereinigten Staaten aus. Und selbstverständlich hofiert auch der amerikanische Staat seine erfolgreichsten Exporteure – sei es nun mit Exportsubventionen, Exportversicherungen, staatlichen Garantien aller Art und – nicht zu vergessen – der Export-Import Bank der USA, häufig auch als »Boeing-Bank« bezeichnet.

Und in Europa? Ist eine Hermes- oder Coface-Garantie aus Hamburg oder Paris eine Subvention, ist eine Anschub-Finanzierung unerlaubte Zuwendung, sind Export-Bürgschaften verdeckte Zuschüsse? Die Klärung solcher Fragen ist so komplex und subtil, dass eben auch die WTO angesichts diverser Grauzonen nur zu lauen Beschlüssen kommt. Kein Wunder, bemühen sich doch die jeweiligen Staaten mit allen Mitteln und Tricks um die Verschleierung der tatsächlichen Sachverhalte.

Wenn Boeing und analog die EADS dicke Rüstungsaufträge erhalten und dabei Entwicklungen produktionsreif machen, die sich später auch bei Zivilflugzeugen als besonders lohnend erweisen – sei es nun technisch oder ökonomisch –, ist man schon wieder im Zwielicht, haben doch die Verteidigungsetats die Entwicklungskosten übernommen, ohne dass eine Rückerstattung von Erlösen der eingesetzten Innovationen durch die Zivilflugzeugsparte erfolgt. Fly-by-Wire ist beispielsweise so eine Technik, die ursprünglich aus der Raketensteuerung und der Militärfliegerei stammt.

Seit Jahrzehnten wird der Schwarze (Subventions-)Peter hin- und hergeschoben, vorläufig letzter Akt seitens der WTO war ein Beschluss vom Juni 2010, wonach Airbus von illegalen Beilhilfen profitiert hat. Initiator dieser Untersuchung waren –natürlich – die USA. Doch die EU-Kommission hat umgehend Revision eingelegt. Damit ist das Urteil erst einmal blockiert – und das ist nicht alles, denn im September 2010 muss ein anderes WTO-Gremium den längst überfälligen Bericht über US-Subventionen für Boeing abstatten. Seit 2004 läuft nun der Schlagabtausch zwischen Brüssel und Washington in Sachen Flugzeugindustrie, das bisherige Resultat orientiert sich

❑ *Die letzte Instanz in Sachen Welthandel: 7. Ministerialkonferenz der WTO im November/Dezember 2009 in Genf.*

anscheinend am »Hornberger Schießen«. Und der seit einem Jahrzehnt schwelende WTO-Clinch ist nur eine Fortsetzung des vorangegangenen GATT-Verfahrens.
Eine Schwierigkeit der WTO-Detektive liegt darin, dass den versteckten oder verdeckten Subventionen im Exportgeschäft nicht nur bei Flugzeugen jederzeit Tür und Tor geöffnet sind. Das Spektrum denkbarer Mogeleien und Vertuschungen ist riesig, nur die Kreativität der beteiligten Finanzjongleure setzt hier wenn überhaupt Grenzen. So lässt sich durch kreative Zinskapriolen aller Art vieles bewegen und vertuschen. Auch deshalb wird jeder neue WTO-Beschluss im unendlichen Streit zu diesem Thema von beiden Seiten jeweils nach ihrem Gutdünken interpretiert und unter dem Motto »Ertappt!« triumphal gefeiert. Dabei weiß doch schon der blutigste Anfänger in diesem Geschäft, dass sowohl die USA als

❑ *WTO-Logo World Trade Organization.*

auch die Europäer die Flugzeugindustrie hätscheln und streicheln, auch wenn es sich im Detail nur so schwer nachweisen lässt. Die Wettbewerbsjuristen mögen sich die Hirne zermartern, die Karawane zieht unbeeindruckt weiter und für Vollbeschäftigung in den Kanzleien und Ministerialbüros bis zur Verrentung ist zuverlässig gesorgt. Das immergleiche Fazit: Einer hat dem anderen nichts vorzuwerfen.

Listige Preislisten

Auch die Preislisten der Hersteller dienen in diesem Spiel der Maskerade und Verwirrung. Sie sind nicht wirklich ernst gemeint und sollen eher als Orientierungshilfe dienen, denn man kann ja über alles reden. Und schon beginnt wieder das Spiel mit den Subventionen, das könnte z.B. so aussehen: »Wenn Sie 15 Jäger mit XY-Triebwerken abnehmen wäre denkbar, dass der Triebwerkshersteller Ihnen bei den Preisen für die Turbinen der bestellten Linienmaschinen entgegenkommt.« Wie gesagt, nur die Kreativität der Verkäufer setzt hier Grenzen. Auch der Wettbewerb über den Preis macht das Geschäft mit den Airlines nicht wirklich transparent. Und dann gibt es da noch die politische Komponente: »Wir gehören zu den größten Abnehmern ihres Landes bei Öl oder Kupfer (oder, oder) und würden es natürlich sehr begrüßen, wenn Sie dies bei der Beschaffung neuer Jets für Ihre Luftwaffe/nationalen Carrier wohlwollend im Auge behalten wollten.« So oder so ähnlich. Die Luftfahrtindustrie ist eben nahezu in allen produzierenden Ländern für praktisch jeden Kuhhandel gut, was auch mit ihrer Nähe zur Rüstung zu tun hat. Die Produkte selbst sind hochwertig, anspruchsvoll und immens teuer, man kann damit Staaten damit regelrecht erpressen, wenn man z.B. keine Ersatzteile zur Disziplinierung unbotmäßigen Verhaltens mehr liefert oder Einweisungs- oder Wartungspersonal abzieht.

Übrigens: Noch immer fliegen mehr Boeing-Erzeugnisse am europäischen Himmel als Airbus-Flieger über dem amerikanischen Kontinent. Bei einem Handelskrieg auf Spitz und Knopf wären die Nachteile auf US-Seite deutlich größer. Darüber ist man sich jenseits des Großen Teiches durchaus im Klaren, auch wenn einmal der seinerzeitige Boeing-Chef Phil Condit einem Top-Manager der EADS mit US-Strafzöllen drohte. Offenkundig eine leere Drohung eines Papiertigers, man würde sich ja ins eigene Fleisch schneiden und hat bisher aus guten Gründen auf derlei Maßnahmen verzichtet, weil man das Echo fürchtet. Nachdem wir

❑ *Die Hersteller von zivilem Luftfahrtgerät sind meist auch Hersteller von Rüstungsgütern. Das birgt immer wieder Konfliktpotenzial – bis hin zu massivem politischen Druck.*

uns nun ein wenig mit den Nebelschwaden des Luftfahrtgeschäfts vertraut gemacht haben, kehren wir besser wieder zu den Verhältnissen abseits dubioser bis illegaler Handelspraktiken zurück.

Zweimotorer revolutionieren den Interkontinentalverkehr: Boeing 757 und 767

Letztmalig verwendete Boeing den Rumpfquerschnitt der 707, 727 und 737 (3,76 m) bei einem Flugzeug, das bisherige Limitierungen ignorieren konnte – der Boeing 757. Nach gängigen Vorschriften der amerikanischen FAA (Federal Aviation Administration) war das Überfliegen von Ozeanen nur mit drei- oder viermotorigen Verkehrsflugzeugen erlaubt, Flugzeuge mit nur zwei Motoren durften sich nicht weiter als 60 Flugminuten vom nächstgelegenen Ausweichflughafen entfernen. Als Pan Am im Überlebenskampf nach dem letzten Strohhalm griff, überlegte man sich dort, ob diese Regel, die von den meisten ausländischen Luftfahrtbehörden übernommen wurde, in irgendeiner Form zu umgehen war. Es

Condor
Boeing 757-300

❑ *Die Boeing 757-300 ist die gestreckte Version der 757 mit einem um mehr als 7 m verlängerten Rumpf. Condor bestellte zwölf dieser Maschinen mit bis zu 289 Plätzen.*

ging um die Ökonomie – wenn man den Nordatlantik mit Zweimotorern überwinden konnte, war dies ein beachtlicher Kostenvorteil. Aber eben leider verboten. Die Pan Am fand einen Ausweg und leitete damit das Überdenken tradierter Vorschriften ein. Man entschied sich bei der US-Airline, den nordamerikanischen Kontinent via Küstenlinien anzufliegen, damit konnte man die gültigen Vorschriften befolgen, hatte zwar eine etwas längere Route aber trotzdem insgesamt geringeren Treibstoffverbrauch. Die Pan Am nutzte einen Airbus A310, machte sich auf den skizzierten (Um-)Weg und flog nun mit einem Zweimotorer nonstop von Hamburg nach New York.
Daraufhin erweiterte die FAA die Toleranzgrenze für Zweimotorer zunächst auf 90, später dann über 180 auf bis zu 240 und eventuell sogar auf 330 Minuten (geplant für die 787). Das erlaubte nun auch zweistrahligen Maschinen den Nordatlantik und andere Großgewässer nonstop zu überqueren. Boeing brachte die Modelle 757 und 767 auf den Markt, die ebenfalls die entsprechende Zulassung nach diesen ETOPS-Kriterien (Extended Twin-engine Operation Performance Standards) erhielten. Man zog mit Airbus gleich, denn dort hatte die A300 diese Zulassung bereits erhalten.
Die auffällig gestreckte Silhouette der 757 ergibt sich aus der für ein Standardrumpf-Flugzeug mit nur einem Gang außergewöhnlichen Rumpflänge. Doch im Gegensatz zu 727 und 737 bekam die 757 eine gänzlich neu gestaltete Bugsektion mit neuem Cockpit, das so auch in der 767 Verwendung fand. Die 757 war bei den Piloten beliebt, die Indienststellung erfolgte erstmals im Januar 1983. Nach 1050 verkauften 757-Modellen und mehr als 20 Jahren Serienfertigung stellte Boeing die Produktion der Maschine im Jahre 2006 wegen zurückgehender Nachfrage komplett ein. Gegenüber den komfortableren Wide-Bodies wie der 767 oder A330 mit größerer Reichweite war das Flugzeug allmählich ins Hintertreffen geraten.

❑ *Boeing 767 Japan Airlines JAL: Die Verbindungen zwischen dem US-Hersteller und japanischen Unternehmen als Zulieferer gewinnen ständig an Bedeutung und haben gravierende Auswirkungen auf beiden Seiten: Die großen japanischen Fluggesellschaften gehören zu Boeings Stammkunden.*

❑ *Ein Doppelweltmeister zu Gast in Bayern: Der größte Zweimotorer weltweit mit den leistungsstärksten Strahltriebwerken der Welt vom Erstbesteller United Airlines – eine Boeing 777.*

220
N769UA
220

❑ Eine Boeing 767-300 mit Winglets geht auf Langstrecke. Rund 100 Maschinen dieses Modells konnte Boeing bisher absetzen, neun davon gingen an die Condor/Thomas Cook AG.

Die Boeing 767 folgte keinem Vorbild in ihrer Auslegung. Sie war ein Großraum-Flugzeug mit zwei Gängen, ursprünglich eigentlich für US-Transkontinentalflüge konzipiert. Die Rumpfbreite beträgt vergleichsweise enge 4,70 m (Airbus A300/310: 5,64 m). Durch die geringere Rumpfbreite gegenüber z.B. dem A300 kann die 767 große Standard-Container nicht laden. Den Erstflug absolvierte die Basisversion 767-200 Ende September 1981. Für Interkontinentalstrecken erwies sich aber die Grundversion als weniger geeignet, Boeing erweiterte daher das Programm um die 767-200ER (Extended Range) und hatte damit ein Flugzeug im Angebot, das über eine Reichweite von rund 10.000 km verfügte und damit praktisch universell einsetzbar war. Die Antwort aus Toulouse ließ nicht lange auf sich warten. Airbus zog gleich zwei Asse aus dem Ärmel: Die A330 und die A340 (Programmstart Juni 1987). Dabei übertraf vor allem der Airbus A340 die Reichweite des US-Wettbewerbers erheblich. Doch Boeing zog nach.

Kraftprotz »Triple Seven«. Boeing 777 auf Erfolgskurs

Ein Twinjet – das war Boeings beeindruckende Antwort auf den vierstrahligen Airbus A340, der bereits 1976 noch zu einer Zeit erste Gestalt annahm, als man sich in Toulouse noch an den bis dato geltenden Vorgaben der FAA für Langstreckenflüge orientierte. Mit errechneten 30% verminderten Betriebskosten gegenüber einem solchen Viermotorer hatte Boeing für dieses Marktsegment jetzt allerdings eine ökonomisch überlegene Trumpfkarte in der Tasche, die gegenüber dem Konkurrenten mit vergleichbarer Passagierkapazität stechen sollte.
So entwarf Boeing mit der »Triple Seven« Anfang der 90er-Jahre das größte zweimotorige Langstrecken-Großraumflugzeug der Welt mit bis zu 550 Sitzen und bis zu 350 t maximalem Startgewicht (Rumpfquerschnitt 6,20 m). Nachdem Boeing 34 Festbestellungen plus 34 Optionen für die 777-200 von Startkunde United Airlines sowie einen Auftrag von der japanischen ANA erhielt, nahm Seattle die Produktion auf. Erstflug der Boeing 777-200 war am 12. Juni 1994. Die Kunden konnten unter passenden Motoren aller drei bedeutenden Triebwerkshersteller wählen (Pratt & Whitney, General Electric, Rolls Royce). Das Einstiegsmodell 777-200 zielte eindeutig auf den Airbus A330.
Für die bis zu 350 t maximales Startgewicht zugelassene 777-300ER (Extended Range) entstand bei General Electric für den schwersten Zweimotorer der Welt auch das stärkte Strahltriebwerk der zivilen Luftfahrt – das GE90-115, mit bis zu 512kN Schub (max. Schub 591kN im Testbetrieb). Die Titanenkraft des beeindruckenden GE-90-Triebwerks wird gebraucht, wenn man das riesige Flugzeug den Vorschriften entsprechend nach einem Triebwerksausfall auch mit nur einem Motor sicher mit ausreichenden Reserven in allen Flugzuständen einschließlich Start und Landung manövrieren will. Damit war man jetzt auch gegenüber dem Wettbewerber A340 exzellent aufgestellt.
Die Boeing 777-300ER erhielt ihre Zulassung Anfang 2004. Mit der 777 hat Boeing neben dem Verkaufsschlager 737 nun einen weiteren Topseller im Programm – bisher sind über 1100 Bestellungen eingegangen, Tendenz derzeit wieder steigend. Doch mit nur zwei Mustern, bei denen das Geschäft wenigstens einigermaßen floriert, eröffnete sich für Boeing noch kein Weg zu neuen Ufern. Erfolg versprechende Zukunftsperspektiven waren gefragt, wo blieben die Hoffnungsträger für das 21. Jahrhundert? Boeing musste sich grundlegend neu aufstellen. Wie wollte man den so lange unterschätzten Newcomer aus dem alten

Zwar konnte die Fertigung mit einer mobilen Straße auf den modernsten Stand gebracht werden, doch mit nur 88 Auslieferungen der 777 im Jahr 2009 war der erfolgsverwöhnte US-Hersteller natürlich nicht zufrieden.

200LR
BOEING

❑ *Glanzleistung: Am 10. November 2005 erreichte eine 777-200LR von Hongkong kommend nonstop nach 21.600 km und über 20 Stunden Flugzeit den Londoner Flughafen Heathrow, am Steuer eine Boeing-Pilotin. Mit diesem Rekord löste die 777-200LR die bisherige Bestmarke des Airbus A340 ab.*

Europa in Schach halten, wie konnte man den verlorenen Boden wieder gutmachen? Es erfolgte der Startschuss für zwei komplett neue Bauprogramme. Sie sollten Boeing sowohl technisch als auch bei den Verkaufszahlen wieder an die Spitze führen, schließlich war man die Marktführerschaft seit Jahrzehnten gewohnt und hatte nicht die Absicht, Wettbewerbern den Vortritt zu lassen. Allerdings behauptet sich Airbus nun schon seit einigen Jahren auf dem Spitzenplatz, 54 % betrug der Airbus-Marktanteil 2009, auch für 2010 stehen die Chancen gut, die Führung zu behalten.
Mit der 777 erwies Boeing den innovativen Ingenieuren in Toulouse übrigens eine besondere Ehrung. Mit der Übernahme des erstmals bei Airbus für Verkehrsflugzeuge eingeführten Fly-by-Wire-Systems griff man auf ein Konzept zurück, das Airbus erfolgreich aus der militärischen Luftfahrt- und Raketentechnik aufgegriffen hatte. Nun verschwanden auch bei Boeings Triple Seven Steuerseile, Umlenkrollen und Hydraulikzylinder samt -leitungen weitgehend auf Nimmerwiedersehen. Der einfach nicht zu ignorierende Gewichtsvorteil hatte gesiegt. Das gleiche Argument galt für Verbundwerkstoffe, die Boeing jetzt erstmals in größerem Umfang einsetzte.

❑ *Seit den 70er-Jahren des vergangenen Jahrhunderts das Maß aller Dinge im zivilen Weltluftverkehr: Die Boeing 747, ein Superstar in den Lüften und auf allen Flughäfen der Welt. In der 747-400 übernahm Boeing erstmals das Konzept des Zweimann-Cockpits, bei Airbus Standard von Anfang an.*

Größer, weiter, komfortabler – die neue Boeing 747-8. Ein Siegertyp mit Startschwierigkeiten

Die magere Verkaufsbilanz der letzten Jahre für das einstige Vorzeigemodell der Branche, die 747, musste Boeing veranlassen, sich intensiv mit der Zukunft des in die Jahre gekommenen Flaggschiffes zu beschäftigen. Den jüngsten Modellen von Airbus, der A340-600 und A380, war die aktuellste Version 747-400 in keiner Hinsicht mehr gewachsen. Das Ergebnis der Entwicklungsarbeit der Boeing-Ingenieure war aber kein neuer Konkurrent für den Airbus A380, sondern eine Generalüberholung des guten alten Jumbos, der vollständig verjüngt als Boeing 747-8 Wiederauferstehung feiern sollte. Doch ein furioser Start zu einem erneuten Höhenflug des einstigen Firmenstolzes blieb aus, die Kunden winkten erst einmal ab. War man das ständige Strecken des Rumpfes, der Reichweite und der Passagierzahlen am immer gleichen Modell leid? Zeitweilig sah es danach aus, große Aufträge für den einstigen Star der Branche und jahrzehntelangen Bestseller blieben aus. Dabei ist es bis heute geblieben. Es ist eine Situation entstanden, die gewisse Parallelen zur Startphase der Boeing 737 aufweist – ob das nun aber unbedingt als Hoffnungszeichen zu werten ist, sei dahingestellt.

Bis heute konnte Boeing für die 747-8 nur insgesamt 109 Bestellungen registrieren, der Großteil für die Frachtversion. Für Boeing unterm Strich eine herbe Enttäuschung. Für die Passagiervariante 747-8I (Intercontinental) liegen bisher nur zwei Bestellungen von Airlines vor – den Startschuss erteilte dabei der deutsche Branchenführer. Die Lufthansa sieht eine Lücke zwischen A340-600 und A380 und genau da soll die 747-8I hinein-

❑ *Ein neues Ambiente, größere Fenster und ein innovatives Lichtdesign erwarten den Fluggast in der neuen 747-8 Intercontinental. Ob Boeing den Geschmack des Publikums getroffen hat, wird sich zeigen.*

❑ *Angekommen in ihrem Element: Die Boeing 747-8F bei ihrem Erstflug am 8. Februar 2010 irgendwo über Washington State.*

BOEING

passen. Bei der neuen A380-Halle in Frankfurt sind die Maße der neuen Maschine bereits berücksichtigt, die Primadonna kann also kommen. Allerdings wird das noch ein wenig dauern, denn derzeit werkelt das Everett-Team nahezu ausschließlich an der Frachtversion, die nach viel Sand im Getriebe endlich am 8. Februar 2010 zum Erstflug abheben konnte. Derzeit liegen für den Frachter 76 Bestellungen vor. Die ersten Auslieferungen sollen mit einem Jahr Verspätung 2010 erfolgen, es zeichnen sich aber bereits neue Verzögerungen ab.

Zahlenmäßig düsterer sieht es bei der 747-8I aus: 33 Exemplare in der neuen Version sind bestellt, davon hat im Dezember 2006 allein die Lufthansa 20 Stück in Auftrag gegeben (plus 20 Optionen). Fünf weitere 747-8I hat mittlerweile Korean als zweite Airline gekauft – für die erfolgsverwöhnten Boeing-Manager sind derlei Stückzahlen nicht gerade ein Grund zur Euphorie. Die Indienststellung der 747-8I bei der Lufthansa soll nun mit Verspätung im Jahre 2012 erfolgen, die Montage des ersten der 20 bestellten Flugzeuges hat im Juni 2010 begonnen, die Auslieferung ist ab Ende 2011 vorgesehen. Ob man mit der neuen Variante an vergangene große Zeiten anknüpfen kann, bleibt indes fraglich. Da ist zum einen die technisch innovativere Konkurrentin 777 aus dem eigenen Hause, auch wenn man sich endlich bei der 747-400 zumindest spät zum Zweimann-Cockpit durchgerungen hatte, Standard von Beginn an in praktisch allen

❑ *Unverändert mit Nieten am Werk: Das erste von 20 neuen Flugzeugen für die Lufthansa bei der Montage der Bugsektion in Everett/Washington. Die im vorderen Teil des Rumpfes doppelstöckige 747-8 weist etliche Neuerungen auf, orientiert sich aber im Produktionsverfahren und im Cockpit weitgehend am bisherigen Modell.*

❑ *Boeings Hoffnungsträger Nr. 2 ist nahezu startbereit und braucht dringend Aufwind. Zweiter Prototyp der 747-8F in Palmdale, Ca.*

Airbus-Modellen. Und das zweite Problem aus Boeing-Sicht ist natürlich Airbus – es gibt eben nicht nur den Wettbewerb im eigenen Hause. Auch die 747-8 ist ein Viermotorer, da gelten im Vergleich die Werte, die Boeing den Kunden mit der 777 gegenüber der vierstrahligen A340 immer vorrechnet – wenn auch mit einer Einschränkung, denn Boeing hat für die 747-8 einen Exklusiv-Vertrag mit General Electric geschlossen. Dieses Flugzeug kann nur mit den neuen Triebwerken des Dreamliners 787 bestellt werden, alle Kunden bekommen dieses Flugzeug ausschließlich mit General Electric GEnx-Motoren, die als besonders verbrauchsgünstig und leise gelten. Vielleicht geht damit Boeings Rechnung letztlich doch auf, aber das muss sich jeder Interessent in einer detaillierten Kalkulation individuell für seine Bedürfnisse selbst ausrechnen und danach entscheiden.

❑ *Endlich abgehoben, der Dreamliner 787 auf seinem Erstflug am 15. Dezember 2009.*

Die große Erlösung, endlich: Der Dreamliner hebt ab, Seattle atmet auf

Das modernste Produkt des US-Luftfahrtkonzerns als »Rettungsflugzeug« zu bezeichnen ist vielleicht ein wenig respektlos, trifft aber den Nagel auf den Kopf. Für Boeing war der gelungene Erstflug nach fünfmaliger Verschiebung im Dezember 2009 die überfällige Erlösung und in den Boeing-Chefetagen ist wohl so manchem ein Stein vom Herzen gefallen. Die Erleichterung war verständlich. Nach 15 Jahren brachte

Boeing erstmals endlich wieder ein neues Modell auf den Markt – und dann setzte es reihenweise Fehlschläge. Nun hatte man nach langer Durststrecke endlich wieder ein Flugzeug, bei dem die Bestellungen nur so brummten – aber man konnte nicht liefern und wurde nicht fertig, ständig machten unerwartet auftretende Komplikationen Probleme: von ungenauen Bauteilen bis zu ungeeigneten Nieten – und eine Verschiebung des Erstfluges nach der anderen war erforderlich. Schon verloren erste Kunden die Geduld. Doch ständig tauchten neue Komplikationen auf.

Ein Großteil der Schwierigkeiten resultierte aus zwei Faktoren: Man hatte zum einen nach Airbus-Manier in einem Umfang globale Zulieferanten mit kompletten Baugruppen eingespannt, den es bei Boeing vorher noch nie gab. Hatte der Anteil japanischer Zulieferer bei der 777 noch bei 25 % gelegen, so steigerte sich das beim Dreamliner auf 35 %. Weitere 15 % Fertigungsanteil übernimmt die italienische Alenia, die Strukturkomponenten aus Verbundwerkstoffen liefert. Aus dem hohen internationalen Fertigungsanteil von nahezu zwei Dritteln resultierten erhebliche Koordinationsprobleme, zudem hatten die Partner oftmals Schwierigkeiten, Boeings Vorgaben detailgetreu und maßgenau in die Tat umzusetzen. So mussten beispielsweise Großkomponenten aus Japan halbfertig in US-Fabriken Boeings passend gemacht werden, z.B. durch den Einsatz von Hydraulikpressen zum Schließen von Baulücken bei der Verbindung von Großbauteilen.

Zweitens verwendete Boeing in noch nie dagewesenem Ausmaß (50 % gegenüber 12 % bei der 777) moderne Werkstoffe

❑ *»Bis es knallt« – Bruchtest an einer 787-Zelle. Was verträgt das Flugzeug bei Extrembelastung, wann kapitulieren Strukturbauteile, wie übersteht die sensible Flügel-Rumpf-Verbindung die Tortur? Im Bruchtest schlägt bei gnadenloser Überbeanspruchung die Stunde der Wahrheit.*

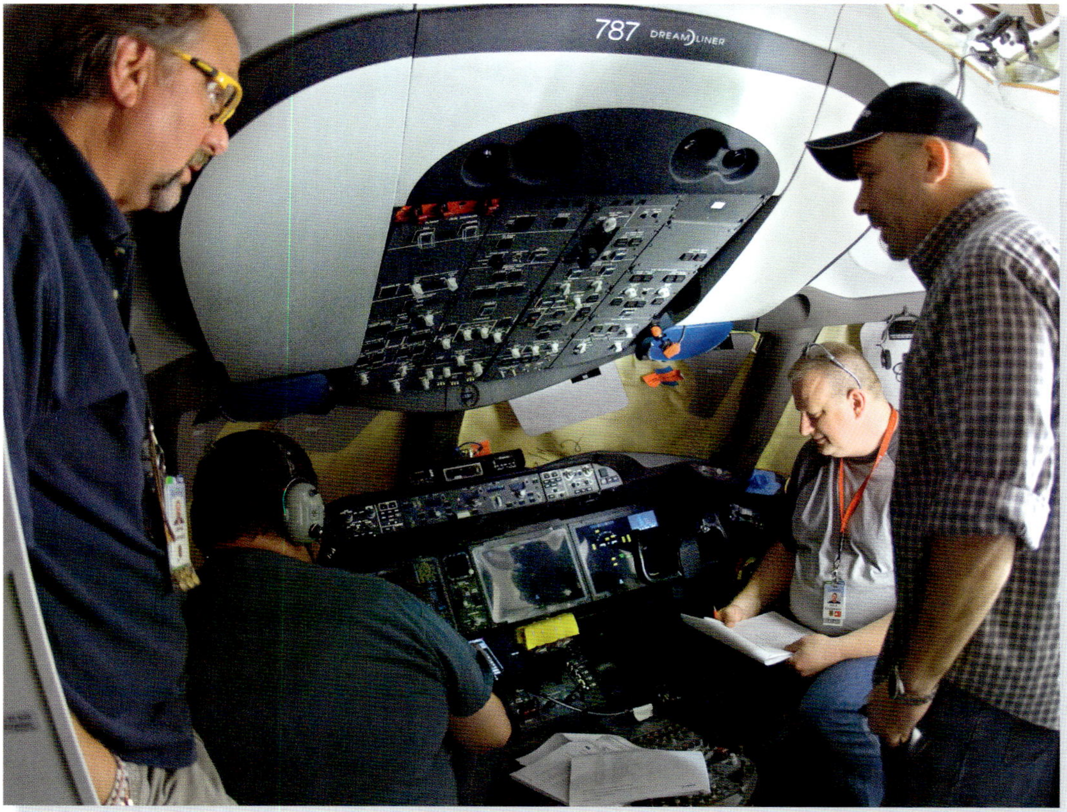

❑ *Alles unter Strom: Mit der »power on«-Schaltung im Cockpit kamen erstmals sämtliche Systeme des Dreamliners unter Spannung, ein Meilenstein auf dem Weg zum Erstflug.*

(CFK) auch für die Zelle, für die sowohl bei Lieferanten als auch bei Boeing selbst ausreichend Erfahrungen fehlten. Diese mangelnde Erfahrung bei Verbundwerkstoffen führte zu Blasen- und Faltenbildung bei Komponenten sowie sogar zur Delamination von Flügelteilen. Der Weg zur mängelfreien und flugbereiten 787 war für Boeing ein außerordentlich dornenreicher; der technologische Quantensprung geriet zu kurz und Boeing fiel kräftig und äußerst schmerzhaft auf die Nase. Die Kosten explodierten, die Termine liefen völlig aus dem Ruder. Die Materialprobleme hielten sogar noch bis in die aktuelle Flugerprobung an, wo Inspektionen Falten an den Höhenrudern aufdeckten. Der erste Interkontinentalflug des Dreamliners im Sommer 2010 ins britische Farnborough verlangte daher wohl doch eine beherzte Crew.

Zwar verzeichnete der Dreamliner die höchste Anzahl von Bestellungen, die man je bei Boeing vor dem Anlauf einer Serienproduktion erlebt hatte (843 Orders von 71 Kunden Mitte 2010) – aber bald trudelten die ersten Stornierungen ein, so kurz vor dem Ziel geradezu ein Alptraum.

Zum Aufatmen kam es am 15. Dezember 2009: Nach endlosen Komplikationen und Nachbesserungen, nach unendlichen Tests, nach Triebwerksprobeläufen und diversen Rollversuchen, nach CFK-Malaisen und Nietenaustausch hob endlich um 10.28 Ortszeit der Boeing 787 Dreamliner bei tristem Wetter zu seinem überfälligen Jungfernflug ab. Nach mehrstündigem Testflug folgte das Aufatmen, es war geschafft, die erste und schwerste Hürde hatte Boeing

❑ *Eine neue Generation von Triebwerken lieferte GE aviation mit den GEnx-Motoren ab. Doch auch sie mussten in den Prüfständen des Herstellers erst einmal ihre Fähigkeiten nachweisen.*

❑ *Auf dem Weg zur Serienproduktion. In Washington State laufen die Fertigungsarbeiten auf Hochtouren, die Prototypen stehen bereits im Testbetrieb, sofort nach Zulassung beginnt die Serienfertigung. Viele Kunden warten bereits ungeduldig.*

❑ *Bereit zum Abheben. Letzte Vorbereitungen für den Erstflug von Prototyp ZA001 in Everett.*

genommen, der Vogel flog. Nun hieß es mit Elan die folgenden Etappen zu absolvieren. Unter Hochdruck machte sich Boeing an die Fertigstellung der weiteren vier von insgesamt fünf Prototypen, die für Testflüge und Zulassung vorgesehen waren. Denn vor der Auslieferung der ersten Flugzeuge ist die FAA-Musterzulassung zu meistern, bei der ein neuer Flugzeugtyp auf Herz und Nieren getestet und in die Mangel genommen wird.

Bis heute hat der Dreamliner mehr als 1000 Flugstunden absolviert, zusätzliche gravierende Beeinträchtigungen oder Mängel sind während des Verfahrens zur Zulassung bisher noch nicht aufgetreten, endlich liegt man wieder im korrigierten, nachgebesserten und vielfach verschobenem Zeitplan – drei lange Jahre und sehr viel Geld hat man auf dem langen Weg zur Serie bisher verloren. Deprimierende Erfahrungen, die auch Airbus schon machen musste. In dieser Beziehung sind die beiden Streithähne auch einmal Leidensgenossen.

Übrigens: Unter Berücksichtigung staatlicher Zuwendungen an Hersteller und Zulieferer in den verschiedenen Ländern (Japan, Italien, US-Bundesstaaten usw.) ist der Dreamliner ein mit staatlichen Milliarden hoch subventioniertes Flugzeug. Die beinahe sechs Milliarden Dollar Staatsgelder aus verschiedenen Töpfen führten 2004 zu einer Beschwerde der EU bei der WTO. Dieser Abschlussbericht fehlt bis heute. Doch der unzweifelhaft subventionierte Dreamliner ist nur ein weiteres eindeutiges Indiz dafür, dass sich die beiden Kontrahenten eigentlich nichts, aber auch absolut

❑ *787-Prototyp auf seinem Erstflug über Washington State. 12.000 Mitarbeiter und Gäste waren anwesend, als sich das neue Modell erstmals in die Lüfte erhob. Vorsichtshalber blieb anfangs das Fahrwerk noch ausgefahren.*

❑ *Erstes Flugzeug für die Auslieferung an Erstkunde All Nippon Airways in ANA-Bemalung, Dienstbeginn spätestens Anfang 2011.*

nichts vorzuwerfen haben. Denn wo kam doch nochmal die Klappe am Bug der 747F her? War das etwa nicht ein Nebenprodukt der Pentagon-Ausschreibung für einen Militärtransporter, an dem Boeing teilnahm und den Lockheed-Martin mit der Galaxy gewann?

Für Boeing im 21. Jahrhundert jedenfalls ist der Erfolg des Dreamliners eine existentielle Frage. Sowohl 747-400 als auch

777 verkaufen sich nur noch schleppend, die 767 führt eine eher kümmerliche Randexistenz im Verkaufsprogramm, denn mit dem Dreamliner steht ja schon der Nachfolger Gewehr bei Fuß. Einzig die unaufhörlichen 737-Bestellungen halten den Bereich »commercial airplanes« derzeit noch über Wasser, die Erfolgsmodelle der Europäer machen Seattle und Chicago schwer zu schaffen. Deshalb brauchte Boeing den Erfolg der 787 unter allen Umständen. Und tatsächlich erwies sich die Konzeption der 787 als Flugzeug für 200 bis 300 Fluggäste im Direktverkehr als Volltreffer. Doch die unendlichen Verzögerungen nagten an der Substanz des Dreamliners und damit an der Substanz des US-Herstellers. Mit dem gelungenen Erstflug des ersten Prototypen hellte sich der Himmel über Boeing erstmals seit Jahren wieder auf. Jetzt hieß es Nägel mit Köpfen zu machen und schnellstens die Serienproduktion aufzunehmen, um den riesigen Auftragsbestand abzuarbeiten. Noch länger konnte man die Kunden nicht warten lassen, denn auch Airbus hatte bereits zur Kenntnis genommen, dass die ausschließliche Konzentration auf die Drehkreuze in eine Sackgasse führen könnte, und schob nach dem A380 schnellstens das Konkurrenzmodell A350XWB (XWB für Extra-Wide-Body; Rumpfdurchmesser 5,96 m gegenüber 5,74 m der 787) an die Startrampe. Doch die A350XWB ist noch in der Entwicklung, während die 787 relativ kurz vor der Auslieferung steht.

❑ *Die ANA-Crew verlässt nach persönlichem Testflug mit dem neuen Modell das Cockpit der 787 in Begleitung von Boeing-Vizepräsident (commercial airplanes) S. Fancher.*

❑ *Prototyp ZA005 mit GEnx-Triebwerken mit gezackter Hinterkante der Nebenstromdüse (sog. »chevron nozzles«) zur Geräuschreduzierung und Begleitflugzeug T-38 unterwegs. Die Prototypen ZA001-004 verwenden die Trent 1000-Motoren von Rolls-Royce.*

BOEING

Drehkreuz oder Direktflug? Die Quadratur des Kreises

Auch wenn es hin und wieder zu mehr oder weniger starken Einbrüchen im Weltluftverkehr kommt, bleibt die Tendenz unter dem Strich immer eindeutig: Die Kurve zeigt nach oben, der Verkehr nimmt zu, das Wachstum bleibt stetig auf hohem Niveau. Das hat Folgen. Der rasant wachsende Luftverkehr führt zu Problemen an den Drehkreuzen, die sogenannten Slots werden knapp, neue Gesellschaften bekommen in der »Rushhour« keine Plätze mehr und sind damit von den begehrten Umsteigeverbindungen nahezu ausgeschlossen, weil es bereits jetzt schon zuviel Gedränge um die raren Zeitfenster an den Verkehrsknoten gibt.
Boeing fand eine eigene Lösung und damit den vermeintlichen Weg zur Quadratur des Kreises. Wer sagt denn, dass man von Drehkreuz zu Drehkreuz fliegen muss – um dann auf die Fläche verteilt zu werden, was nichts anderes als Umsteigen bedeutet? Es geht doch auch anders! Wenn man mit kleineren Flugzeugen nonstop von Hamburg beispielsweise nach Yokohama fliegen kann, spart man sich Zeit und das ungeliebte Umsteigen an Mega-Airports. So entstand das Konzept der 787 – wenn es an den Drehkreuzen an Slots mangelt, muss es eben mehr Direktverbindungen geben, dann ist der Slot-Mangel zweitrangig. Für ein solches Konzept brauchte man allerdings das etwas kleinere Großraum-Flugzeug, das besonders wirtschaftlich bisher vernachlässigte Langstrecken nonstop bedienen konnte – der Dreamliner war geboren.
Airbus ging einen anderen Weg. Wenn es an den Drehkreuzen an Slots mangelt muss man die vorhandenen besser ausnutzen. Eigentlich logisch, denn Frankfurt–New York oder London–Hongkong werden immer vollbesetzte Flieger garantieren, aber die Zahl der Flugbewegungen lässt sich nicht mehr steigern. Also müssen die Flugzeuge mehr Passagiere befördern, um bei gleicher Zahl der Flugbewegungen die immense Nachfrage befriedigen zu können. Das war der Gedanke hinter der A380. Doch Airbus merkte schnell, dass das Setzen auf eine einzige Karte eine riskante Strategie darstellte und beschloss, vorsichtshalber zweigleisig zu fahren und auch das Boeing-Konzept aufzugreifen. Und siehe da, der Airbus A350XWB erblickte das Licht der Welt, mit mittlerweile mehr als 500 Bestellungen auch ein Verkaufsschlager. Da sich auch die A380 allmählich vom Bestell-Phlegma der letzten Jahre zu erholen scheint, hat Airbus mit seiner Langstrecken-Doppelstrategie möglicherweise zwei Trumpfkarten in der Hand. Denn einen A380-Konkurrenten aus Seattle wird es aus vielerlei Gründen in absehbarer Zeit nicht geben und auf den Dreamliner gibt die A350XWB eine überzeugende Antwort. Das Match um die Gunst der Airline-Kunden bleibt also spannend.
Erstkunde für den Verkaufsrenner Boeing 787 war die japanische ANA, die All Nippon Airways, die mittlerweile 55 Bestellungen für das neue Flugzeug erteilte. Auch ihr erstes Flugzeug hat bereits in ANA-Bemalung zu Probe- und Abnahmeflügen abgehoben.

Eine ANA-Cockpit-Crew hat den neuen Vogel am nordamerikanischen Himmel auch bereits höchstpersönlich unter die Lupe genommen. In Begleitung vom Vice-President und General Manager für das 787-Programm, Scott Fancher, überflogen zwei japanische ANA-Kapitäne von Paine Field/Everett aus den US-Staat Washington und übernahmen dabei selbst das Steuer. Auch Boeing bemüht sich um seinen Startkunden mit den vielen schönen Bestellungen. Rechnet man mit einem Stückpreis von etwa 170 Millionen Dollar, kommt man auf einen Auftragswert von rund 9,3 Milliarden US-Dollar – das ist doch allemal eine Extra-Tour mit hochrangiger Begleitung wert.

Airbus – eine europäische Erfolgsgeschichte

Der holperige Weg zur Airbus S.A.S.

(Société par Action Simplifiée, vereinfachtes Verfahren zur Aktiengesellschaft nach französischem Recht)

Das Unternehmen Airbus entstand Ende der 60er-Jahre durch einen kapitalen Sündenfall. Gesündigt wurde von mehreren europäischen Regierungen wider den Geist der Marktwirtschaft. Alles begann mit Plisch und Plum, so nannte man damals zu Zeiten der Großen Koalition unter Kurt Georg Kiesinger das Gespann aus Wirtschaftsminister Karl Schiller und Finanzminister Franz Josef Strauß. Der Privatflieger Strauß hatte Ambitionen für Deutschland, vor allem aber für Bayern.

❑ *Auf der Paris Airshow in Le Bourget unterzeichneten am 29. Mai 1969 der französische Verkehrsminister Jean Chamant und der damalige deutsche Wirtschaftsminister Prof. Karl Schiller einen Vertrag über die gemeinsame Entwicklung der A300, Startschuss für das Airbus-Konsortium.*

Der Name »Airbus« fiel erstmals 1965, als ein Konglomerat von deutschen Luftfahrtunternehmen die »Arbeitsgemeinschaft Airbus« für Konzeptstudien gründete. Im gleichen Jahr beteiligten sich mehrere europäische Unternehmen an dem deutschen Konsortium Airbus GmbH, erster Geschäftsführer war Felix Kracht. Am 18. Dezember 1970 entstand aus dieser Vorstufe eine Allianz der französischen Aerospatiale und der deutschen Airbus GmbH als Gesellschaft nach französischem Recht, die Airbus Industrie G.I.E. Technischer Leiter blieb Felix Kracht, als Aufsichtsratsvorsitzender unterschrieb der bayrische Ministerpräsident Franz Josef Strauß. Er besetzte diesen Posten bis zu seinem Tode 1988 und war lange Zeit der Motor des Unternehmens, der mit unternehmerischen und politischen Aktivitäten die Entstehung des neuen Konzerns maßgeblich förderte – und dabei die bayrischen Interessen (MBB) nicht aus dem Auge verlor.

1971 schlossen sich die spanische CASA und 1979 British Aerospace dem Konsortium an. Die weitere Entwicklung des Unternehmens ist politisch und gesellschaftsrechtlich so vielschichtig und komplex, dass es den Rahmen dieses Buches sprengen würde. Entscheidend sind die Eckdaten der Produktion und für den heutigen Status die hundertprozentige Übernahme des Unternehmens durch die im Jahre 2000 gegründete EADS, mit Hauptsitz in den Niederlanden, die seit nunmehr zehn Jahren als Mutterkonzern der heutigen Airbus S.A.S. fungiert. Die einzelnen unternehmensrechtlichen Schritte mit den Beteiligungen über MBB, Dornier, VFW-Fokker, DASA und Daimler Benz Aerospace bis zu diesem jetzigen Stadium wären ebenfalls bereits buchfüllend, doch für den Wettbewerb auf dem Weltmarkt zwischen den beiden Herstellern aus Europa und den USA hat dies nur untergeordnete Bedeutung.

Der Airbus A300

Zweck schon der Airbus-Konzeptgesellschaft war die Entwicklung eines konkurrenzfähigen europäischen Verkehrsflugzeuges, das die monopolartige Dominanz der US-Hersteller auf dem Weltmarkt beenden sollte. Der neue Airbus A300 revolutionierte die Zivilluftfahrt. Die »Rentabilitätsmaschine« bot als das weltweit erste zweistrahlige Großraumpassagierflugzeug

❑ *Star der Luftfahrtschau in Hannover 1972: Die A300 stand im Mittelpunkt des Interesses von Publikum und Experten. Es sollte nur noch wenige Monate bis zum ersten Abheben dauern. (Foto Deutsche Messe AG, Hannover)*

❑ *Da war sie – die europäische Herausforderung. Mit dem Rollout der ersten A300B2 wenige Tage vor dem Erstflug begann eine europäische Erfolgsgeschichte ohne Parallelen, die schon bald die bis dahin den Weltmarkt beherrschenden US-Hersteller ins Grübeln brachte.*

❑ *Auf diesen Moment hatten Politik, Management, Ingenieure sowie die gesamte Airbus-Belegschaft jahrelang hingearbeitet: Am 28.10.1972 hob das neue Flugzeug aus europäischer Produktion erstmalig ab.*

für Kurz- und Mittelstrecken zum ersten Mal alle Annehmlichkeiten und Vorzüge, die bis dahin nur bei Langstreckenflugzeugen verfügbar waren: den Komfort einer Großraumkabine, einen geringen Geräuschpegel, sparsamen Triebstoffverbrauch und niedrige Betriebskosten. Auf Grundlage dieser erfolgreichen Idee entwickelte Airbus daraufhin seine erste Flugzeugfamilie, die sich aus den verschiedenen A300- und A310-Modellen und ihren Frachtversionen aufbaute. Die A300-/A310-Familie setzte völlig neue Maßstäbe, die später bei allen modernen Verkehrsflugzeugen übernommen wurden.

Der Erstflug des ersten Airbus-Flugzeuges A300 erfolgte am 28. Oktober 1972, der Fehdehandschuh gegenüber den übermächtigen US-Konkurrenten war damit geworfen. Erstmals in seiner Klasse bot das neue Modell aus Toulouse zwei Mittelgänge und zusätzliche Nutzlastkapazität durch Platz für Standardcontainer im Unterdeck. Doch die A300 setzte nicht nur neue Standards für die Kurz- und Mittelstrecken. Sie war auch die Initialzündung für völlige neue Produktionsverfahren und eine innovative Logistik, die mit speziellen Transportmitteln wie dem »Super Guppy« (Basis Boeing 377) eine internationale Arbeitsteilung über Grenzen hinweg ins Leben rief und erstmals multinationale Kooperation durch koordinierte Fertigung ganzer Baugruppen mit Erfolg praktizierte. Tragflächen aus England, Leitwerke aus Spanien, Rumpfsegmente aus Deutschland, Cockpits aus Frankreich – es funktionierte generalstabsmäßig bis ins Detail wie am Schnürchen und verblüffte Fachleute der gesamten Branche. So hatte ein Flugzeughersteller noch nie gearbeitet.

Mit dem Boeing 747-LCF »Dreamlifter« hat Boeing auch diese Idee – ursprünglich von der NASA für den Transport übergroßer Raketenteile konzipiert – aufgegriffen. Solche internationale Arbeitsteilung, wie sie mittlerweile auch der US-Konzern bei

❑ *Die internationale Arbeitsteilung verlangte innovative Ideen für den Transport. So entstand als Nachfolger für die bewährten Super Guppies die zweistrahlige Beluga als zuverlässiger Teile-Transporter.*

❑ *Boeing zog 2007 mit dem 747LCF Dreamlifter nach. Der »Large Cargo Lifter« holt die Komponenten für die 787-Montage z.B. aus Italien (Alenia) und Japan (Fuji, Mitsubishi, Kawasaki).*

der 787 im großen Stil praktiziert, macht ein überdimensioniertes Transportmittel erforderlich. Bei Airbus übernimmt den Transportjob großer Teile mittlerweile als Nachfolger der Super Guppys die zweistrahlige Beluga (A300-600-ST). Sie fliegt beispielsweise im Shuttle-Verkehr zwischen Hamburg und Toulouse. Aber nicht nur in der Luft ist Airbus zu finden. Auch per Schwertransporter auf der Straße oder auf dem Wasserweg kommen Komponenten zu den Montagelinien.

Ein Damokles-Schwert schwebt über Toulouse

Technisch markierte Airbus mit seinen neuen Flugzeugen die Speerspitze des Fortschritts. Kaufmännisch jedoch sah es zumindest am Anfang beim Airbus A300 katastrophal aus. Erstbesteller bei der A300 war die Air France mit mageren sechs Bestellungen plus Optionen, dazu die deutsche Lufthansa mit drei Maschinen, danach kam erst einmal eine ganze Weile gar nichts. Die am Projekt beteiligten Engländer konnten British Airways nicht dazu bewegen, sich der Kundenliste in Toulouse anzuschließen. London wollte nicht und auch sonst sah es nicht gerade rosig aus.

In den Jahren 1974/75 trudelten ein paar Aufträge aus Korea, Indien und Südafrika in Toulouse ein, 1976 aber wurde es zappenduster: Airbus erhielt nicht eine einzige Bestellung und so verzeichnen die Airbus-Annalen 1976 als »Schwarzes Jahr«. Airbus produzierte auf Halde, man nannte die am Pistenrand in Toulouse-Blagnac geparkten nagelneuen Ladenhüter ohne Kundenkennung auch »Weißschwänze«, da sie am hellen Leitwerk kein Airline-Logo trugen. Die Regierungen verloren die Lust am Milliardengrab, über Toulouse kreisten im übertragenen Sinne bereits die Geier. Da kein Kunde in Sicht kam, musste das Produktions-

❑ *Der Start war gelungen, erste Bestellungen lagen vor – doch wie ging es weiter? Der Idee eines europäischen Verkehrsflugzeuges stand schon bald nach dem Start eine ungewisse Durststrecke bevor.*

programm drastisch heruntergefahren werden, die Zukunft sah trübe bis hoffnungslos aus. Die Bundesregierung stellte ein Ultimatum: Sie wollte Airbus noch eine Galgenfrist von sechs Monaten gewähren, wenn man die Produktion auf eine halbe Maschine pro Monat reduzierte. In Toulouse ging die Angst um und fast schon die Lichter aus.
Die Rettung kam von einem Mann im Mond oder anders formuliert ausgerechnet aus den USA. Nationalheld Frank Borman, ehemaliger Astronaut und Mondumrunder mit Apollo 8 hatte den Chefsessel bei Eastern Airlines eingenommen und zermarterte sich das Hirn, wie die vor dem Untergang stehende Gesellschaft, die zu den führenden Airlines der USA zählte, noch zu retten wäre? Er griff beherzt nach dem Strohhalm: Die Europäer hatten ihm einen Kuhhandel angeboten. Er konnte vier A300 zu faktisch symbolischen Leasingkosten für sechs Monate testweise übernehmen und dann seine endgültige Kaufentscheidung treffen. Eastern brauchte dringend neue Maschinen um die Kosten zu senken – und mit der A300 stand das rentabelste Mittelstreckenflugzeug weltweit zur Verfügung.
Am 2. Mai 1978 unterschrieb Borman den Vorvertrag, Airbus lieferte und sah einen Silberstreif am Horizont. Und tatsächlich kam im März 1979 die erlösende Nachricht: Eastern würde aufgrund der überzeugenden Ergebnisse aus dem Testbetrieb 23 Maschinen in Toulouse kaufen und weitere neun in Option nehmen. Airbus war gerettet und hatte zudem ausgerechnet auf dem amerikanischen Markt einen Fuß in der Tür. Das war ein grandioser Erfolg, mit dem

❑ *Frank Borman öffnete Airbus mit dem Eastern-Deal die Tür zum US-Markt. Doch der rettende Strohhalm A300 hielt für Eastern nur bis 1991, dann ging die Airline ohne Borman in Konkurs. (Foto E. Marmet)*

man in Toulouse schon nicht mehr gerechnet hatte. Der Haken: Eastern war zwar sehr bedeutend und sehr groß aber eben auch sehr klamm. Nun konstruierten die Kaufleute bei Airbus einen kreativen Finanzierungsdeal, den die Welt im umkämpften Airline-Business noch nicht gesehen hatte. Der Flugzeughersteller lieferte nicht nur die Maschinen, sondern statt der üblichen Vorkasse auch noch das Geld für den Kauf, die Triebwerke stellte General Electric auf Pump. Da für den Abschluss die staatlichen Kreditversicherer in Deutschland (Hermes) und Frankreich (Coface) bürgten, war das Geschäft wasserdicht. Und als seitens der US-Regierung an das Aufbauen von Zollhürden gedacht wurde, kam wieder Franz Josef Strauß ins Spiel. Strauß lieferte den vielleicht größten Coup seiner Airbus-Laufbahn ab, er drehte den Spieß einfach um und erklärte den Amerikanern, welches Repertoire die Europäer im Gegenzug in Stellung bringen konnten. Die Zoll-Idee verschwand ohne weiteres Aufheben in der Versenkung, der Handel galt.

Am Rande: Auch in einem weiteren Geschäft mit der Türkei kam erneut die Wunderwaffe Strauß zum Einsatz. Strauß überrumpelte in einem Handstreich die Amerikaner am Bosporus, der Auftrag ging an Airbus, Washington protestierte in Bonn von wegen politischer Einflussnahme. Aber Strauß war als Aufsichtsratschef von Airbus an die Dardanellen geflogen, von Politik keine Spur. Punktum. Mit Airbus ging es ab Ende der 70er-Jahre aufwärts, man verschaffte sich jetzt ein Standbein in Asien und am solventen Golf und sah der Zukunft nunmehr ausgesprochen zuversichtlich entgegen.

❑ *Kein kleiner Unterschied: Das aufgeräumte Cockpit eines A300 mit Sidestick, Monitoren statt Analoginstrumenten und großzügigem Raumangebot. Ein beliebter Arbeitsplatz bei Piloten.*

Innovationen? Wenden Sie sich doch an Toulouse!

Von Beginn an beschritt Airbus bei Konzeption und Produktion seiner Flugzeuge neue Wege. Es begann mit einer neuartigen Cockpit-Philosophie. Der üblichen inflationären Fülle an Instrumenten, Knöpfen, Leuchten und Schaltern stellte Airbus schon ab der A310 ein auf das Wesentliche reduziertes Cockpit gegenüber, das die Piloten deutlich entlastete. Funktionierende Systeme bedurften keiner dauernden Überwachung, die Kontrollleuchten im sogenannten »dunklen Cockpit« blieben dunkel, solange kein Fehler auftrat. Weiterhin entfiel bei der A310 durch das FFCC, das »Facing Forward Crew Cockpit« mit Bildschirmen (erstmalig 1981 in einem A300 als erstes Großraumflugzeug mit Zweimann-Cockpit) auch der Flugingenieur, Diese Innovationen übernahm auch der parallel gebaute Airbus A300-600, der nun von Piloten mit gleicher Lizenz geflogen werden konnte

❑ Auch bei der Air France stehen Modelle aus der A320-Familie hoch im Kurs.

❑ *Blick in ein A320-Cockpit, rechts zu sehen der Sidestick, zentrales Steuerinstrument des Flugzeugs.*

(weitgehende Cockpit-Standardisierung, von Airbus »Communality« genannt, auch bei A320/330/340/380).
Beim ab 1983 zugelassenen A310 verwendete Airbus darüber hinaus erstmalig in größerem Umfang Verbundwerkstoffe – wohlgemerkt Anfang der 80er-Jahre! Airbus A300 und A310 gehörten außerdem zu den ersten zweistrahligen Flugzeugen, die nach ETOPS-Regeln den Nordatlantik überqueren durften. Zum Vergleich: Boeing führte das Zweimann-Cockpit erstmalig in der 747-400 im Jahre 1988 ein. Neu war beim A310 der transsonische Flügel, auch als superkritisches Profil bezeichnet. Eine weitere Neuheit bot der A310-300, bei ihm kamen erstmalig Winglets zum Einsatz, die den Treibstoffverbrauch günstig beeinflussen sollten. Das A310-Leitwerk bestand gar komplett aus Kohlefaserverbundwerkstoffen (CFK), manche Bau-Komponenten wurden nicht mehr genietet sondern in Autoklaven bei hohen Temperaturen geklebt.

1984 – Airbus präsentiert das 21. Jahrhundert: Die A320-Familie mit digitalisiertem Cockpit

Mit der A320-Familie eröffnete Airbus eine neue Ära in der zivilen Luftfahrt, es begann das digitale Zeitalter im Cockpit und ein Fossil musste abtreten – das konventionelle Steuerhorn. Der sogenannte »Sidestick« übernahm und verschaffte den Piloten nie da gewesene Freiräume – nun wanderte sogar das Tablett mit dem Mittagsmenü von den Knien auf appetitlichere Ablagen. Bei Boeing hingegen hält man bis heute die Tradition in Ehren, auch der Dreamliner wird immer noch per altehrwürdigem Steuerhorn dirigiert.
In der A320-Familie realisierte Airbus erstmalig in der Zivilluftfahrt das Fly-by-Wire-Prinzip, das die Steuerung in Verkehrsflugzeugen revolutionierte. Der Einsatz elektrischer Signale erlaubte eine deutliche

❑ *Im Jahr 2008 begann Airbus mit der A320-Montage in Tianjin, China. Erstauslieferung aus chinesischer Produktion war am 23. Juni 2009, bis jetzt hat das Joint-Venture 21 Maschinen fertiggestellt. Die Produktionsrate soll bis 2012 von derzeit zwei auf vier Flugzeuge monatlich steigen. Sammeln hier die Chinesen Knowhow für die C-919?*

Gewichtsreduzierung, Stellmotoren an den Steuerflächen lösten konventionelle Seilzüge und Hydraulikleitungen weitestgehend ab. Am 22. Februar 1987 begann mit dem Erstflug der A320 ein neues Zeitalter im Cockpit, der »Kollege Computer« avancierte allmählich zum unverzichtbaren Partner im Weltluftverkehr. Mit zwischenzeitlich einer ganzen Familie (A318, A319, A320 und A321) offeriert Europas führender Luftfahrt-Hersteller ein Sortiment von Kurz- und Mittelstrecken-Flugzeugen mit Standardrumpf nach dem Baukasten-Prinzip. Jede Airline fand im Programm das passende Modell, auch für Sonderwünsche wie die Ausführung als Airbus Corporate Jet ACJ war man sowohl an der Garonne als auch an der Elbe aufgeschlossen. An der Elbe? Allerdings, denn im Zuge der Arbeitsteilung zwischen den Herstellerländern wanderte ein Großteil der A320-Fertigung von Toulouse in das Airbuswerk Hamburg-Finkenwerder.

Die A320 und ihre Derivate erweisen sich bis heute als Umsatzbringer, die zukunftsweisende Konzeption dieser Flugzeugfamilie bedrängte Boeing in seinem angestammten Revier beim Bestseller 737 und dessen Varianten. Die Antwort aus Seattle war die runderneuerte 737NG, die »Next Generation«-Modellreihe. Doch für Boeing blies schon bald in weiteren Geschäftsfeldern der Wind heftig von vorn, Flugzeugtypen aus dem Hause Airbus rollten einen Marktsektor nach dem anderen auf, die Dominanz von Boeing auf dem Weltmarkt wackelte. Denn Airbus gab sich mit dem Erfolg seiner A320-Familie noch nicht zufrieden und zog weitere Pfeile aus dem Köcher.

❑ *Lufthansa A330-300 im Anflug auf Franz Josef Strauß im Erdinger Moos. Auch der Kranich weiß die Qualitäten des Zweimotorers zu schätzen und setzt ihn intensiv auf Langstrecken ein.*

Lufthansa
Airbus A330-300

❑ *Produktion am laufenden Band, Serienfertigung von A330/340 auf einer Montagelinie in Toulouse.*

Zwei oder vier? Airbus A330/A340

Im Kurz- und Mittelstreckenbereich war man nun bei Airbus gut aufgestellt und stellte den Alleinvertretungsanspruch der Nordamerikaner erfolgreich in Frage. Allerdings haperte es an konkurrenzfähigen Modellen für die Langstrecke, denn als richtige Langstreckler konnte man A300 und A310 trotz erweiterter Reichweite in neuen Versionen noch immer nicht bezeichnen. So zog Airbus ein weiteres Ass aus dem Ärmel, die Schwesterflugzeuge A330/A340 eroberten ab 1991 den Himmel und traten in den Wettbewerb mit Boeing – und das auch noch erneut überaus erfolgreich. Erstes Opfer war die 757, der von Konkurrenz aus dem eigenen Hause, der 767 und von der europäischen A330, beides Widebodies mit zwei Gängen, vollends der Wind aus den Segeln genommen wurde. Boeing stellte die Produktion des Modells schließlich ein. Doch den Wettbewerb auf den Langstrecken eröffnete zuerst ein Vierstrahler aus Toulouse, der Airbus A340, seinerzeit das größte außerhalb der USA gebaute Verkehrsflugzeug mit Erstflug am 25. Oktober 1991. Damit bekamen die 767 – und was noch weitaus schlimmer war auch die 747 – ernstzunehmende Konkurrenz, jetzt ging es ans Eingemachte.
Airbus kam bei seiner »Langstreckenoffensive« zugute, dass der Dritte im Bunde, McDonnell Douglas, zu der Zeit deutlich zu schwächeln begann und schließlich 1997 vom Riesen aus Seattle geschluckt wurde. Damit war dann auch bald das Ende der MD-11 eingeläutet, das letzte Exemplar des Dreistrahlers wurde 2001 an Lufthansa Cargo übergeben.
Im März 1993 begann die Langstreckenära bei Airbus, die A340 ging in den Streckendienst und ersetzte nach und nach bei so manchem Kunden die DC-10 bzw. die MD-11. Auf den Routen, wo eine 747 nicht rentabel fliegen konnte, eine 767 aber über zu geringe Kapazität verfügte, stand nun

eine zeitgemäße Alternative zur Verfügung. Mit den Versionen A340-500 und -600 im Produktionsprogramm verfügt Airbus heute über Modelle für extreme Langstrecken und deutlich erweiterte Sitzplatz-Kapazitäten (die A340-600 ist mit einer Rumpflänge von 75,30 m bis zum Erstflug der Boeing 747-8 Intercontinental das längste Verkehrsflugzeug der Welt). Die Konzeption der Schwestermodelle A330/A340 erwies sich als ein gelungenes Husarenstück. Damit kam es für Boeing noch dramatischer.

Die etwa ein Jahr nach der A340 in den Markt eingetretene zweistrahlige Variante A330 entwickelte sich zum Topseller. Mehr als 1000 Bestellungen für diesen Flugzeugtyp hat Airbus bisher registriert, etwa 650 Flugzeuge sind bereits bei ca. 80 Gesellschaften im Einsatz. Die A330 konnte sowohl der Boeing 767 als auch der 747 Kunden abnehmen. Allerdings auch der hauseigenen A340. Mit bis zu 400 Sitzplätzen und einer maximalen Reichweite von über 13.000 km (A340 bis zu 16.500 km)

❑ *A330 der Lufthansa-Tochter Swiss über den Schweizer Alpen. So schön kann Fliegen sein.*

AIRBUS
TECHNAL
14R-32L
S4

❑ *Glückliche Heimkehr nach dem Erstflug. Am 27. April 2005 landete Prototyp MSN001 nach drei Stunden und 54 Minuten um 14.22 Uhr wieder in Toulouse-Blagnac. Er hatte die wichtige Bewährungsprobe bravourös bestanden.*

❑ *Den eleganten Schwingen der Vögel immer ähnlicher: Airbus A380.*

ist sie auf nahezu allen Langstrecken einsetzbar und kann gegenüber den Viermotorern A340 und 747 ihren wichtigsten Trumpf ausspielen: Zwei Motoren fliegen deutlich wirtschaftlicher als vier. Doch echte Vergleiche sind schwer zu ziehen, weil beide Hersteller durch immer neue Varianten im Produktprogramm versuchen, einen Wettbewerbsvorteil des jeweils anderen sofort zu relativieren. In diesem Fall antwortete Boeing auf den Markterfolg von A330/A340 sogar mit einem ganz neuen Modell: der zweistrahligen 777. Damit hatte Seattle zumindest gleichgezogen oder zeitweilig gar in diesem Segment die Führung übernommen. Die 767 jedoch – einst war jedes zweite Flugzeug der täglich rund 500 Maschinen auf der Nordatlantik-Rennstrecke Europa–USA ein Flugzeug diesen Typs – war der Verlierer in diesem Match. Diese äußerst schmerzhafte Scharte soll nun der Dreamliner 787 auswetzen.
Doch Toulouse blieb nicht untätig und kündigte ebenfalls ein neues Modell an: Der Airbus A350XWB soll Marktanteilseroberungen der 777 begrenzen und als Alternativmodell dem Dreamliner Kunden abjagen. Mit derzeit 530 Bestellungen von 33 Kunden kann sich die Resonanz durchaus sehen lassen. Nach erteilten Bestellungen liegt aber der Dreamliner mit seinen knapp 850 Orders deutlich vorn, allerdings haben die bisher aufgetretenen Probleme und Verzögerungen zu einem nur noch schleppenden Auftragseingang geführt (aktuell zwölf Bestellungen netto in 2010 plus drei neue Aufträge in Farnborough). Die nächste Runde im Wettkampf Airbus vs. Boeing ist eingeläutet, die Produktzyklen verkürzen sich, denn die A350XWB ist für die A330/340-Nachfolge konzipiert. Boeing schätzt das Marktpotential für 200- bis 300-Sitzer in den nächsten 20 Jahren auf insgesamt 3500 Einheiten und will davon einen Marktanteil von über 50 % erreichen. Man wird sehen.

❑ *A380: Was lange währt wird manchmal gut. Neuer Lufthansa-Flottenprimus »Frankfurt am Main«.*

Eine Klasse für sich: Der Airbus A380

Mehr als drei Jahrzehnte lang gab es nur eine »Königin der Lüfte« – und die kam aus Seattle. Es war die Boeing 747, der »Jumbo Jet«. Die 747 setzte in der Zivilluftfahrt neue Maßstäbe und flog nahezu konkurrenzlos Milliardengewinne für Boeing ein. Da aber der Weltluftverkehr sich vor allem durch exorbitantes Wachstum auszeichnete, schien in den frühen 90er-Jahren die Zeit reif, über ein neues Großraumflugzeug für Interkontinentalstrecken nachzudenken, das in der Beförderungskapazität den Jumbo übertreffen sollte. In dieser frühen Phase der Entscheidungsfindung kam es zu überraschenden Konstellationen, zeitweilig dachten Boeing und Airbus sogar darüber nach, angesichts des enormen Entwicklungsaufwandes zusammenzuarbeiten, denn Potenzial für zwei neue Mega-Airliner würde der Markt nicht hergeben. Tatsächlich kam es zu ernsthaften Gesprächen der beiden Erzkonkurrenten – doch im Frühjahr 1995 trennten sich die Wege. Man war zu keiner tragfähigen Lösung gekommen. Hatte Boeing mit seiner vorgeblichen Kooperationsbereitschaft nur geblufft, um den Wettbewerber hinzuhalten? Möglicherweise hatte man aber auch in der Chefetage bei Boeing zu einer anderen Nachfrageeinschätzung gefunden und sah keinen ausreichenden Bedarf mehr für einen »Superjumbo«. Airbus jedoch hielt an dem Projekt fest und begann, intensive Marktforschung durch Befragung potenzieller Kunden zu starten.

❑ ***Europäische Premiere über den Wolken: Der erste Airbus A380 der Air France auf dem Überführungsflug von Hamburg nach Paris.***

Nachdem das Verkaufsteam erste Bestellungen und Optionen einsammeln konnte, erfolgte der Startschuss für das Projekt. Nach viel Entwicklungsarbeit und immensen Kosten (Entwicklungsaufwand über zehn Milliarden Dollar) begann man am 23. Januar 2002 mit der Fertigungsaufnahme für die Prototypen mit ersten Metallkomponenten in Nantes. Drei Jahre später am 18. Januar 2005 trat der neue Vogel vor die Öffentlichkeit. Das Publikum war schwer beeindruckt, so etwas hatte die Welt vorher noch nicht gesehen.

Traum-Maße: 72-79-24

Das größte Verkehrsflugzeug der Welt verfügt über einzigartige Maße. Mit 72,70 m Länge übertrifft die A380 den aktuellsten Jumbo 747-400 in der Länge zwar nur um 2,10 m, bei der Spannweite allerdings liegt sie mit 79,80 m um 15,36 m vor dem Flaggschiff aus Seattle. In der Höhe legt sie mit 24,10 m fast 5 m gegenüber dem betagten Konkurrenten zu, der Rumpfquerschnitt des Doppelstöckers beträgt 7,15 m in der Breite und 8,40 m in der Höhe. Nur die gewaltige Antonov An 225 kann mit den Maßen des Goliaths aus Toulouse noch mithalten, sie wurde allerdings bisher nur ein einziges Mal gebaut. Bestmarken setzte der Riese auch in puncto Wirtschaftlichkeit. Mit nur drei Litern Kerosin auf 100 km pro Sitz (bei entsprechender Auslastung) wurde ein Einsparpotenzial gegenüber dem Jumbo um deutlich mehr als 10 % anvisiert, das mittlerweile im Flugbetrieb erheblich überschritten werden konnte. In der Praxis liegt die Einsparung tatsächlich bei 20 %, was die Attraktivität für die Fluglinien noch einmal deutlich steigert. Wirtschaftlichkeit ist ein Faktor, der heute mehr denn je auch im Luftverkehr zählt. Hier setzt der neue Mega-Airbus derzeit die Orientierungsmarken.
Schon allein die enormen Entwicklungskosten der A380 lassen darauf schließen, dass es für Jahrzehnte keinen echten Konkurrenten für das Spitzenprodukt aus Toulouse geben wird was Boeing zu dem Schluss brachte, dass nur direkte und indirekte staatliche Subventionen den Bau überhaupt erst ermöglichten. Und somit Gong und Ring frei für eine neue Runde bei der WTO. Am 30. Juni 2010 meldete Boeing der Welt aufgeregt das Ergebnis, die WTO habe festgestellt, dass beim A380-Programm unerlaubte staatliche Starthilfen gezahlt wurden, die ohne Aufschub sofort zu erstatten seien. Mehr als ein Augenbrauenheben dürfte dieser Aufschrei von jenseits des Atlantiks bei Airbus wohl kaum hervorgerufen haben, der Papiertiger WTO ist hinlänglich bekannt und wird erfahrungsgemäß mit Berufung und Gegenklage ruhiggestellt. Im Klartext besagt die Stellungnahme von Airbus vom gleichen Tage Folgendes:

Pressemeldung Airbus vom 30. Juni 2010 (Auszug):

Nach Abweisung der meisten US-Klagepunkte im WTO-Bericht richtet sich das Augenmerk auf die Gegenklage. Inhalt: Die Subventionen für Boeing

- *WTO: Das europäische Instrument rückzahlbarer Darlehen ist rechtskonform.*
- *WTO: Weder die europäischen Entwicklungskostendarlehen noch andere Maßnahmen haben einen materiellen Schaden (»material injury«) bei US-Interessen verursacht.*

Der heute veröffentlichte WTO-Bericht zur Klage der USA gegen die EU bestätigt die frühere Airbus-Einschätzung: 70 % der von den USA erhobenen Vorwürfe wurden zurückgewiesen. Die rückzahlbaren Darlehen für Airbus waren weder ursächlich für Arbeitsplatzverluste noch für Gewinn-

❑ *Schrittmacher Airbus: Das Cockpit des Megaliners entspricht dem modernsten Stand der Technik und macht durch die Airbus-typische Standardisierung auch beim Wechsel vom A330/340 der Crew kein allzu großes Kopfzerbrechen, sondern bietet eher einen vertrauten Anblick.*

rückgänge in der amerikanischen Industrie. Die von der WTO ausgesprochene Missbilligung der Forschungsförderung durch Zuschüsse dürfte gravierende Auswirkungen auf den in Kürze anstehenden Bericht über die US-Subventionen für Boeing haben. Erst mit dem Bericht über das Parallelverfahren zu den Boeing-Subventionen wird das notwendige Gleichgewicht für die mögliche Aufnahme von Verhandlungen ohne Vorbedingungen geschaffen [...].

Das bekannte Karussell aus gegenseitigen Beschuldigungen, Abmahnungen, sich empören und erneut klagen kann also in gewohnter Form seine Fortführung finden. Und bei Airbus wartet man nun gespannt auf den Beschluss der WTO bezüglich des Subventionsfalles Boeing. Doch der Boeing-Bericht lässt noch bis September 2010 auf sich warten, was zu einer erneuten Stellungnahme aus Toulouse geführt hat:

Airbus Präsident und CEO Tom Enders zur weiteren Verzögerung des WTO-Berichts zum Subventionsfall Boeing (DS 353) vom 8. Juli 2010 (Auszug):

Wir sind überrascht und enttäuscht über die weitere Verzögerung, die das WTO-Panel für den Subventionsfall Boeing in letzter Minute angekündigt hat. Seit der Einleitung dieser Verfahren hat sich die Welt verändert. Der Luftfahrtmarkt war früher durch ein Duopol gekennzeichnet. Heute engagieren sich dort immer mehr staatlich subventionierte Akteure, so dass Boeing und Airbus objektiv gesehen als diejenigen Marktteilnehmer verbleiben, die am wenigsten von staatlicher Unterstützung profitieren. Die Bedeutung dieses WTO-Berichts geht dabei über die einfache Bestätigung der offensichtlichen Tatsache hinaus, dass Boeing-Flugzeuge wie die 787 ohne staatliche Subventionen heute nicht existieren würden.

❑ *Zum Vergleich: Trotz Overheaddisplays und Monitoren bestimmen im 787 Dreamliner die Traditionalisten und lassen das voluminöse alte Steuerhorn wie in allen Boeings am gewohnten Platz.*

❑ *Obligatorisch für alle A380: Zum Lackieren nach Hamburg. Die erste A380 der Lufthansa machte nicht nur eine Spritztour an die Elbe, sondern erhielt hier wie alle A380 die Kabinenausstattung.*

Doch zurück zum Airbus A380. Auch in technischer Hinsicht macht Airbus mit diesem Spitzenprodukt seinen Führungsanspruch deutlich. Der Anteil der verarbeiteten Verbundwerkstoffe ist im Vergleich zu früheren Airbus-Modellen noch einmal deutlich gesteigert worden. Mit dem sogenannten »Glare« (Glassfibre reinforced aluminium) – ein geschichteter Glasfaser-/Aluminiumverbund – setzt Airbus ein gänzlich neues Material im Flugzeugbau ein. Die gesamte obere Rumpfaußenhaut besteht aus diesem Werkstoff, nur für die Rumpfunterseite verwendet Airbus ausschließlich herkömmliches Aluminium. Die 2,30 m hohen Winglets an den Flügelspitzen bestehen aus Thermo-Kunststoffen, Werkstoff für die Flügel selbst sind Aluminiumlegierungen (Aluminium-Lithium).

Für den Giganten kamen neue Triebwerke zum Einsatz, die der Kunde entweder bei Rolls-Royce oder bei der eigens für diese neuen Triebwerke gegründeten Engine Alliance bestellen kann. Die Engine Alliance ist ein US-Gemeinschaftsunternehmen von General Electric und Pratt & Whitney, das ausschließlich für Erprobung und Fertigung der A380-Turbinen entstand. Die vier Triebwerke des Riesenvogels sind allerdings trotz des gewaltigen Startgewichtes von max. 560 t nicht die schubstärksten Jet-Antriebe weltweit. Die liefert General Electric exklusiv mit dem GE90-115 für die 777-300ER bzw. -LR, die ihre ebenfalls beachtliche Masse mit nur zwei Triebwerken in die Lüfte hieven muss.

Der Erstflug des Prototypen der A380 fand am 27. April 2005 vor zehntausenden von Zuschauern in Toulouse-Blagnac statt. Dieser Prototyp verwendete Trent 900-Turbinen von Rolls Royce, der Erstflug einer A380 mit Engine Alliance-Triebwerken GP 7200 unter den Flügeln erfolgte am 24. August 2006 mit dem Prototypen MSN 009. Insgesamt vier Vorserienmodelle standen für die Zulassung zur Verfügung, eine fünfte Bruchzelle diente statischen Belastungstests. Die Typzulassung (mit Trent 900-Triebwerken)

❑ *Übergabe einer neuen A380-800 am 20. Januar 2010 in Hamburg an Großkunde Emirates, der damit gleichzeitig das Airbus-Jubiläumsflugzeug mit der Nr. 6000 erhielt. Bestimmt kein Zufall.*

❑ *Der rote Teppich ist ausgerollt: Hamburg-Finkenwerder zelebrierte im Juni 2010 die Übergabe der ersten von 15 bestellten Maschinen an die an die Kranich-Airline.*

❑ *Zwei Kunden, ein Typ: A380-Begegnung auf der ILA 2010. Wenn allerdings Emirates um Landerechte in Berlin nachsucht ist es mit den übereinstimmenden Interessen schnell vorbei.*

erteilten EASA und FAA gleichzeitig am 12. Dezember 2006. Am 15. Oktober 2007 übernahm Startkunde Singapore Airlines in Toulouse die erste A380 für den Flugbetrieb. Emirates, Air France und Lufthansa erlebten die Übergabe ihrer ersten Airbus-Riesen in Hamburg. Der bei Airbus seit Jahrzehnten praktizierte Proporz bei Fertigung und Auslieferung fand auch bei der A380 seine rituelle Fortsetzung. Hamburg liefert an Kunden aus Europa sowie dem Nahen und Mittleren Osten aus, Toulouse übernimmt den Rest der Welt wie z.B. Qantas oder Singapore Airlines.

Mittlerweile fliegen 31 Exemplare der A380 im Liniendienst bei fünf Gesellschaften: Singapore Airlines, Emirates, Qantas, Air France und Lufthansa; insgesamt 33 Flugzeuge sind bisher ausgeliefert. Die Resonanz bei Airlines und Fluggästen ist außerordentlich positiv, der Flugzeugtyp erfreut sich zunehmender Beliebtheit. Die Kundenerwartungen an das neue Flugzeug konnten nicht nur erfüllt, sondern sogar deutlich übertroffen werden. Die Auslastung der Flugzeuge auf den eingesetzten Routen liegt überdurchschnittlich hoch, die Airlines sparen enorme Treibstoff- und operative Kosten und erobern mit dem neuen Flugzeug neue Gäste und damit Marktanteile. Der niedrige Geräuschpegel im Flug wird von den Fluggästen außerordentlich geschätzt, Raumangebot und Komfort sind unübertroffen. Übrigens: Die enorme Spannweite des A380 erhöht den Auftrieb. Die Folge: Die A380 hebt früher ab als Ihre deutlich leichtere Konkurrentin, die 747. Auch bei der Geräuschentwicklung liegt Airbus vorn. Im Vergleich zu seinem Wettbewerber senkt die A380 den Fluglärm bei Start und Landung auf die Hälfte. Und sogar bei der Abfertigung kann der große Airbus punkten: Er braucht nicht mehr Zeit als eine 747, befördert aber 40 % mehr Fluggäste. Airbus verweist noch auf einen weiteren Aspekt: Die A380 braucht keine Sonderfahrzeuge, das Catering auch des Oberdecks kann mit dem üblichen Fuhrpark ohne Zeitverlust über die Türen des Hauptdecks erfolgen, ein spezieller Hubwagen, um das Oberdeck direkt zu beladen, ist nicht zwingend erforderlich. Lediglich für das Rangieren des schweren Brockens empfiehlt der Hersteller einen stärkeren Schlepper.

Technische Leckerbissen Airbus A380

Der Airbus A380 ist nicht nur das größte weltweit im Liniendienst eingesetzte Flugzeug, sondern auch das derzeit fortschrittlichste.

❑ *Immer wieder Schrittmacher für neue Technologien in der zivilen Luftfahrt: Testbetrieb »alternative Brennstoffe« mit einem Airbus A380 und Rolls-Royce Trent 900-Triebwerken.*

Werkstoffe

Der größte Airbus besteht zu 25% aus neuen Werkstoffen, die bei der gesamten hinteren Hecksektion einschließlich Druckschott und Leitwerk und erstmalig sogar im hochbelasteten Flügelkasten (Center Wing Box; diese verbindet den Rumpf mit den Flügeln) Verwendung finden. Die Rumpfunterseite aus Aluminium kommt ohne Nieten aus, die einzelnen Segmente werden per Laserschweißen verbunden. Das ergibt eine besonders glatte Oberfläche mit vermindertem Luftwiderstand und schützt zusätzlich vor Korrosion.

Steuerung

Insgesamt verfügt die A380 für die Steuerung über zwei elektrische und zwei hydraulische Systeme. Die Hydrauliksteuerung arbeitet mit Hochdruck (5000 psi statt der üblichen 3000 psi). Damit verringert sich die Menge der mitgeführten Hydraulikflüssigkeit, der höhere Druck erlaubt einen kleineren Leitungsquerschnitt und kleiner dimensionierte sonstige Hydraulikkomponenten. Das spart deutlich Gewicht – die in der Entwicklung befindliche A350XWB wird dieses System ebenfalls übernehmen. Auch bei einem kompletten Ausfall der

Lufthansa

❑ *Die »Frankfurt am Main« auf dem Flug nach Frankfurt am Main. Die erste A380 der Lufthansa startete nach der Übergabe an der Elbe am 19. Mai 2010 zu ihrem Dienstantritt.*

❑ *A380-Startkunde Singapore Airlines bringt seinen ersten europäischen Riesenvogel heim.*

Hydraulik bleibt das Flugzeug durch die elektrischen Systeme voll steuerbar. Damit setzt der Airbus A380 einen neuen Standard für die Systemredundanz bei Verkehrsflugzeugen.

TCAS und Autopilot

In der A380 sind das Traffic Alert and Collision Avoidance System (Kollisionswarner) und Autopilot auf intelligente Weise miteinander verlinkt. Der Autopilot befolgt die bei Kollisionswarnungen obligatorischen Abläufe für Ausweichbewegungen.

Standard

LED-Beleuchtung, superschnelle Glasfaser-Leitungen für das Entertainment-Programm und Inflight-Internetverbindungen sind Standard an Bord.

Optional

Auch für die A380 steht jetzt ein duales head-up-Display einsatzbereit, mit dem sich bereits im Betrieb befindliche Flugzeuge auf Wunsch nachrüsten lassen.

Aktuell haben die bisher eingesetzten Maschinen seit Aufnahme des Liniendienstes bei Singapore Airlines im Oktober 2007 auf 17.000 Flügen über sechs Millionen Passagiere befördert, derzeit fliegt der Airbus A380 weltweit 18 Großflughäfen auf fünf Kontinenten an (Afrika, Amerika, Asien, Australien und Europa). Was Auslastung und Zuverlässigkeit anbelangt, setzt das neue Flugzeug Bestmarken, die Airbus nur noch mit den tief greifenden Auswirkungen bei der Einführung der 747 in den Weltluftverkehr vor 40 Jahren vergleicht. Im Betrieb verbraucht die A380 wie schon angesprochen 20 % weniger Kerosin pro Sitz als eine 747, das ist ein überragender Wert auch für die Airbus-Verkäufer.
Inklusive der jüngsten Bestellung von Emirates addieren sich die bisher erteilten Orders für das Flugzeug auf 234 Exem-

plare. Bei einer Fertigungsrate von vier Maschinen pro Monat (Stückpreis rund 350 Millionen US-Dollar; das teuerste Zivilflugzeug der Welt) benötigt Airbus allein für das Abarbeiten vorliegender Aufträge nach heutigem Stand mehr als vier Jahre. Das bedeutet, dass jeder neue Kunde mit einer Lieferung nicht vor 2015/16 rechnen kann. Wenn er sich denn beeilt. Doch selbst diese Rechnung ist hypothetisch. Denn derzeit kann bei Airbus von einer Fertigungsrate von vier Maschinen pro Monat noch nicht die Rede sein. Für das Jahr 2010 sieht der aktuelle Lieferplan 20 neue A380 zur Auslieferung vor, genaue Angaben zu den geplanten Stückzahlen in den Folgejahren macht Airbus derzeit nicht. Beispiel Lufthansa: Gut drei Jahre hat sich die Aufnahme des Streckenbetriebes mit dem europäischen Giganten verzögert, bereits 2007 sollte er in den Liniendienst gehen. Aber erst im Juli 2010 nahm die A380 bei der Lufthansa den regulären Flugbetrieb auf. Die von der Lufthansa für die Wartung des neuen Flaggschiffes auf der Südseite des Frankfurter Flughafens gebaute gewaltige A380-Halle mit Platz für vier solcher Megaliner wartet auch schon deutlich mehr als zwei Jahre auf ihren ersten Pflegling. Von den bestellten insgesamt 15 A380 soll die Lufthansa nun 2010 zumindest vier in Dienst stellen können. Als Eröffnungs-Routen sind Tokio, Peking und Johannesburg vorgesehen; der Linienflugbetrieb mit Tokio ist bereits angelaufen. Für das Jahr 2011 erwartet die Lufthansa weitere vier der Großflugzeuge, derzeit ist die Nr. 8 für die deutsche Fluglinie in der Endmontage. Es fehlen dann noch sieben A380 bis zur bestellten Gesamtstückzahl.

❑ *Das Warten auf Goliath hat ein Ende: Lufthansa A380-Halle im Süden des Frankfurter Flughafens auf dem ehemaligen Gelände der US-Airbase.*

❑ *Bildschön: Eine A380 der Qantas kurz nach dem Abheben in London-Heathrow. Fünf Gesellschaften auf vier Kontinenten fliegen bis jetzt das größte Verkehrsflugzeug der Welt.*

Quo vadis Weltluftverkehr?

Die derzeitige Situation im Weltflugverkehr deutet in Richtung Aufschwung. Heutzutage verbinden 80 % aller 747-Flüge nur 37 Flughäfen auf der Welt, bei einer prognostizierten Wachstumsrate von 5 % über die nächsten 20 Jahre entspricht dies einer Verdoppelung der Zahl der zu befördernden Fluggäste. Airbus prognostiziert weiterhin eine Verdoppelung der Flotten, statt der heute 14.000 im Einsatz befindlichen Flugzeuge über 100 Sitze sieht der europäische Hersteller in 20 Jahren 28.000 Flugzeuge in der Luft und auf den Flughäfen. Die Flugfrequenz auf den betroffenen Drehkreuzen lässt sich aber nicht ohne Weiteres auf das doppelte steigern, ergo müssen bei gleicher Zahl von Flugbewegungen mehr Passagiere pro Flug in der Maschine sitzen, um nicht nur die Drehkreuze, sondern auch den strapazierten Luftraum zu entlasten. Nur durch größere Flugzeuge ist beim kontinuierlichen Ausbau der Flughafenkapazitäten ein Ausgleich zwischen dem rasant steigenden Passagieraufkommen und der begrenzten Zahl möglicher Flugbewegungen an den Drehkreuzen zu schaffen. Direktflüge Punkt-zu-Punkt können Entlastung bringen, der Löwenanteil des Passagieraufkommens wird aber weiterhin auf die großen Drehkreuze entfallen. Deshalb rechnet die Airbus-Prognose für die nächsten 20 Jahre mit dem Einsatz von 1300 VLA (Very Large Aircraft), wobei mehr als die Hälfte dieser überwiegend erst noch zu beschaffenden Flugzeuge in der asiatischen Pazifik-Region beheimatet sein werden. Ein gewaltiger Wachstumsmarkt, ein enormes Potenzial.

Neuer Auftrieb für die A380?

Da bei einem direkten Vergleich mit der in Entwicklung befindlichen 747-8I die Kosten pro Sitz deutlich für die A380 sprechen (rund 8 % geringerer Treibstoffverbrauch), hat Airbus in diesem Wettbewerb eindeutig die Nase vorn. Interessanterweise übrigens auch im Kostenvergleich mit der nur zweimotorigen 777 (rund 12 % geringerer Verbrauch pro Sitz). Bei den konkurrierenden Riesenflugzeugen stehen die Aussichten für das Spitzenprodukt aus Toulouse, sich das größere Stück vom Kuchen abschneiden zu können, demnach exzellent, denn alle Prognosen lassen ohne Schönfärberei nahezu zwingend eine deutlich steigende Nachfrage für »Very Large Aircraft« erwarten. Dass die A380 eine überzeugende Leistung im Flugbetrieb erbringt, zeigt auch die Tatsache, dass bereits sieben der bisher 17 Kunden die ursprünglich bestellte Stückzahl nach oben korrigiert haben!

Airbus hatte für die A380 aber nicht nur eine Passagier-, sondern auch eine Frachtversion vorgesehen. Für den Frachter A380-800F lagen bereits zehn feste Bestellungen von Federal Express vor, aufgrund der anfänglichen erheblichen Verzögerungen zog FedEx aber seinen Großauftrag im November 2006 zu Gunsten der 777F zurück, worauf der Boeing-Aktienkurs stieg. Da keine weiteren A380-Frachteraufträge vorlagen, hatte Toulouse daraufhin entschieden, nach dem FedEx-Storno das Frachterprojekt vorerst zurückzustellen und den Fokus auf die Auslieferung der Passagierversion zu richten. Ob es zu einem Neustart des Frachter-Projekts kommt, wird sich zeigen, wenn Airbus wieder realistische Liefertermine anbieten kann. FedEx jedenfalls hatte bei der Stornierung betont, dass daraus keine generelle Ablehnung des Airbus-Frachters abzuleiten sei. Man werde einen Einsatz zu gegebener Zeit erneut prüfen. Bei Airbus liegt gegenwärtig die Priorität eindeutig auf der Auslieferung der bestellten Linienflugzeuge, man ist hier schließlich um Jahre im Rückstand.

❑ *560 Tonnen auf dem Weg nach oben: Gute Aussichten für die A380 stimmen Airbus hoffnungsfroh.*

Ein paar Zahlen über den Airbus A380-800

(First-, Business- und Economy-Class in Standard-Ausstattung):		
	525 Passagiere (max. 853)	
Frachtkapazität Unterdeck	30 LD-3 Container	
max. Abfluggewicht	560 t	
max. Landegewicht	386 t	
Leergewicht	275 t	
Treibstoff-Zuladung max.	320 t	
Nutzlast max. (A380F)	157 t	(An-225 = 250 t, 747-8F = 134 t)
Reichweite max.	15.200 km	
Rollstrecke beim Start mit Maximalgewicht	2750 m	

A380-Kunden

Air France	12	
Air Austral	2	
British Airways	12	
China Southern	5	
Emirates	90	
Etihad	10	
ILFC (Flugzeug-Leasing)	10	
Kingdom Holding Comp.	1	
Kingfisher	5	
Korean Airlines	10	
Lufthansa	15	
Malaysia Airlines	6	
Qantas	20	
Qatar Airways	5	
Singapore Airlines	19	
Thai Airways	6	
Virgin Atlantic	6	
Gesamt	234	(Stand Juli 2010)

❑ *Airbus A350XWB heißt Europas souveräne Antwort auf den Dreamliner.*

Die Bestellungen kommen also aus Europa, Asien, Afrika und Australien. Eine Order aus Süd- oder gar Nordamerika ist allerdings bisher nicht in Sicht. Doch da geht es auch Boeing nicht besser. Für ihre neue 747-8 Interkontinental liegen nur zwei Aufträge aus Europa und Asien vor. Kunden aus Süd- oder gar Nordamerika? Auch bei Boeing Fehlanzeige. Wer wird wohl hier bei den Riesenvögeln stolz den ersten Auftrag vermelden können?

Das »Traumschiff« aus Seattle bekommt Konkurrenz: Airbus A350XWB vs. Boeing 787

Der »Dreamliner« hat zweifellos das Potenzial zum überragenden Verkaufserfolg. Das belegt der grandiose Bestelleingang noch vor der Existenz eines realen Flugzeuges – viele Gesellschaften orderten ein Produkt in großer Stückzahl, das es nur auf dem Papier bzw. im Rechner gab. Ein Phänomen, das sich – abgesehen von wenigen Stornierungen – auch nicht durch die fünfmalige Verschiebung des Erstfluges erschüttern ließ. Die Auftragsflut für den Dreamliner schon in der Vorphase imponierte auch den Strategen in Toulouse und Hamburg, es zeigte sich deutlich, dass man dieses Marktsegment keinesfalls vernachlässigen durfte. Die A380 war nur eine Antwort auf den prognostizierten Verkehrszuwachs. Für die 787 aber hatte man kein wirklich überzeugendes Konkurrenzmodell im Portfolio; A330/340 waren mittlerweile in die Jahre gekommen. Zwar konnte und kann die A330 gegenüber der 777 noch gut mithalten, für den innovativen Dreamliner 787

❑ *Platz – wohl das überzeugendste Argument für ein bestimmtes Flugzeugmodell bei Langstrecken-Fluggästen. Hier ein Blick in das Kabinen-Mock-up der A350XWB (Business Class).*

aber gab es kein gleichwertiges Airbus-Pendant. Als adäquates 787-Gegenstück konzipierte Airbus daraufhin das Projekt A350. Mit diesem neuen Modell wollte man Boeings Dreamliner kontern, Airbus nahm die Herausforderung aus Seattle an, so schien es zumindest. Doch mit einer nur »aufgehübschten« A330 war – wie sich bald zeigen sollte – kein Staat zu machen.

Airbus A350

Die derzeit in der Entwicklung befindliche A350XWB (Extra Wide Body) ist das Ergebnis eines schmerzlichen Lernprozesses, an dessen Anfang ein eher halbherziger Versuch stand, den neuen Konkurrenten für mittlere Passagierzahlen auf der Langstrecke aus den Vereinigten Staaten ohne größere Anstrengungen mit kosmetischen Mitteln abzublocken: Airbus wollte sich mit einer modernisierten Version der A330 mit neuen Triebwerken aus der Affäre ziehen. Doch hier hatten Ingenieure und Marketingexperten die Rechnung ohne die Airlines gemacht. Denn die spielten nicht mit. Zwar trafen beinahe 200 Bestellungen für den neuen europäischen Vogel in Toulouse ein, aber es gab auch massive Kritik. Diese bemängelte am Entwurf vor allem den noch von der A300-Zelle übernommenen Rumpfdurchmesser von nur 5,64 m. Die Airlines wollten deutlich mehr (5,74 m bei 787).

Als die Kritik immer lauter wurde, ruderte man bei Airbus zurück und präsentierte auf der Luftfahrtschau im englischen Farnborough im Sommer des Jahres 2006 einen neuen Entwurf, der mit einem Rumpfdurchmesser von 5,96 m die Konkurrentin aus Seattle auf die Plätze verwies (+ 220 mm). Die überwiegende Zahl der bisherigen Besteller wandelte die für die A350 erteilten Aufträge nun in Bestellungen für die neue A350XWB um, die jetzt nur noch sehr wenig mit ihren Vorgängern A330/340 gemein hatte. Allerdings erhöhte die Entscheidung für eine komplette Neukonstruktion die Entwicklungskosten beträchtlich. Glaubte man bei der der A350 noch mit einem Entwicklungsaufwand von etwa 4,5 Milliarden Euro auszukommen, so summieren sich die Entwicklungskosten für die neue A350XWB mittlerweile auf über zehn Milliarden Euro.

Airbus A350XWB

Der Airbus A350XWB orientiert sich primär am neuen A380-Flaggschiff aus dem eigenen Hause. Als Basis-Version fungiert die A350-900, die als erstes Ende 2012 in die Serienproduktion gehen soll, die Indienststellung ist für Mitte 2013 vorgesehen. Bei der A350XWB handelt es sich um ein vollständig neues Flugzeug, das nur wenig Gemeinsamkeit mit der A330/A340-Familie aufweist (nur ca. 10 % Gleichteile). Erstmalig sind auch bei Airbus Rumpf und Flügel vollständig aus Verbundwerkstoffen hergestellt, der CFK-Anteil an der Zelle liegt bei 53%, der Anteil moderner Werkstoffe (einschließlich Titan, das auch Boeing in größerem Umfang für die 787 verwendet) an der Struktur liegt mit über 70% noch höher als bei der 787.

Die Endmontage erfolgt in Hamburg und Toulouse. Für die Montage hat Airbus in Hamburg eine neue spezielle Halle errichtet (64 x 120 m), die als modernste Produktionsanlage der Welt mit einer Fläche von 7700 qm erst Mitte 2010 Richtfest erlebte. Ab Frühjahr 2011wird in der A350XWB-Montagehalle die hintere Rumpfsektion aus bis zu 17 m langen Kohlefaserschalen zusammengefügt und mit allen flugwichtigen Systemen ausgerüstet. Die vordere Rumpfsektion wird fertig montiert angeliefert und dann ausgerüstet. Neben CFK-Komponenten kommen beim A350XWB auch weiterhin das hochmoderne »Glare« (glasfaserverstärktes Aluminium) und Aluminium-Lithium-Legierungen zum Einsatz. Airbus profitiert bei der Verwendung von Verbundwerkstoffen von der jahrzehntelangen Erfahrung als Branchenführer mit diesen neuen Materialien.

Anders als Boeing bei seiner 787 verwen-

❑ *Wirkt beinahe futuristisch: Kabinenattrappe mit Cockpit des Airbus A350XWB im Maßstab 1:1 als Demonstrationsmodell für Ausstellungen.*

A350
2 LIFE VESTS
SPEED BRAKE
PULL & TURN
VIDEO

A350
2 LIFE VESTS
FLAPS
VHF1
120.425
VHF2
119.850
132.525
VHF3
DATA
125.465

❑ *Hergestellt in Hamburg: 18 m langes Rumpfsegment der A350XWB aus CFK in Originalgröße. Es dient zum Abgleich mit dem Produktionsprozess.*

det Airbus für den Rumpf der A350XWB einen Rahmen aus Aluminium, in den pro Sektion vier Paneele aus CFK eingepasst sind. Damit erreicht man eine besonders hohe Reparaturfreundlichkeit bei Schäden am Rumpf und kann strukturelle Anforderungen optimal erfüllen. Auch vereinfacht diese Auslegung die Wartung. Airbus will bei der A350 die Betriebskosten gegenüber der 787 noch einmal um 10 % reduzieren. Zu den technischen Besonderheiten zählen das Hochdruck-Hydrauliksystem aus der A380 und die Inertisierung der Treibstoff-Tanks (Befüllung mit Schutzgas aus Sicherheitsgründen). Die Steuerung im digitalisierten Cockpit erfolgt über den üblichen sidestick im computergeführten Fly-by-Wire-Verfahren.

Beim Passagierkomfort erlaubt sich Airbus einen Seitenblick auf die 787 und denkt an einen höheren Kabinendruck (die sog. »Kabinenhöhe« von 1800 m wie bei der 787; aktuell üblich sind Kabinenhöhen von ca. 2000 bis 2500 m) und angefeuchtete Kabinenluft wie beim US-Konkurrenten. Für das Wohlfühlen an Bord aber fast noch bedeutsamer ist jedoch der verfügbare Platz für den Fluggast. Die A350 XWB kann mit der leisesten (Vorbild A380 mit halbiertem Kabinengeräuschpegel) und komfortabelsten Kabine ihrer Klasse glänzen. Der Passagierraum ist mit einem Querschnitt von 5,58 m von Armlehne zu Armlehne 12,7 cm breiter als bei der Konkurrenz und bietet den Fluggästen damit die breitesten Sitze in dieser Kategorie. Vergrößerte Panoramafenster und geräumigere Gepäckablagefächer gehören ebenfalls zum Mehr an Komfort an Bord der A350. Ein innovatives Lichtsystem entspricht der ähnlichen Auslegung in der 787. Erstmalig hat sich Airbus beim Rumpfquerschnitt für eine elliptische Form entschieden, was die Kopffreiheit für den Fluggast erhöht. Der elliptische Rumpf gestattet ferner die Installation von Ruheräumen für die Besatzung über der Kabine, die über eine Treppe zu erreichen sind. Der breitere Rumpf gegenüber der 787 bringt bei einer Zehner-Bestuhlung in der Economy Class darüber hinaus erhebliche Vorteile bei den Betriebskosten (plus 35 Sitze).

In Sachen Umweltbelastung verlautet seitens Airbus: »Die Kohlendioxidemissionen pro Passagier werden bei der A350XWB im Vergleich zu heutigen Flugzeugen der gleichen Kategorie um 25 % verringert, während der Außengeräuschpegel bis zu 16 EPNdB (Effective Perceived Noise Decibel) unter den Anforderungen nach ICAO Chapter 4 liegen wird«. Anders ausgedrückt, die A350XWB fliegt besonders abgasarm und besonders leise.

Für den Antrieb kommen neue Turbinen entweder von Rolls-Royce (Trent XWB) oder der Engine Alliance in Frage. Da der Triebwerkshersteller General Electric für einige seiner Neuentwicklungen exklusive Vereinbarungen mit Boeing getroffen hat bleibt fraglich, ob und wo es mit GE aviation zu Lieferverträgen für die verschiedenen Versionen der A350XWB kommen kann.

Die A350XWB wird – wie die 787 – über ein Headup-Display für die Piloten verfügen. Zur Verbesserung der Wirtschaftlichkeit dienen Winglets an den Flügelenden, deren Übergang zum Flügel fließend erfolgt. Der bei Airbus bisher übliche Trimmtank im Höhenleitwerk entfällt bei der A350XWB. Aktuell hat Airbus für dieses Modell mehr als 530 Bestellungen von 33 Kunden aus aller Welt erhalten.

❑ *Modernste Technik für das 21. Jahrhundert findet auf allen Kontinenten Anklang: A350XWB mit Winglets (Computergrafik).*

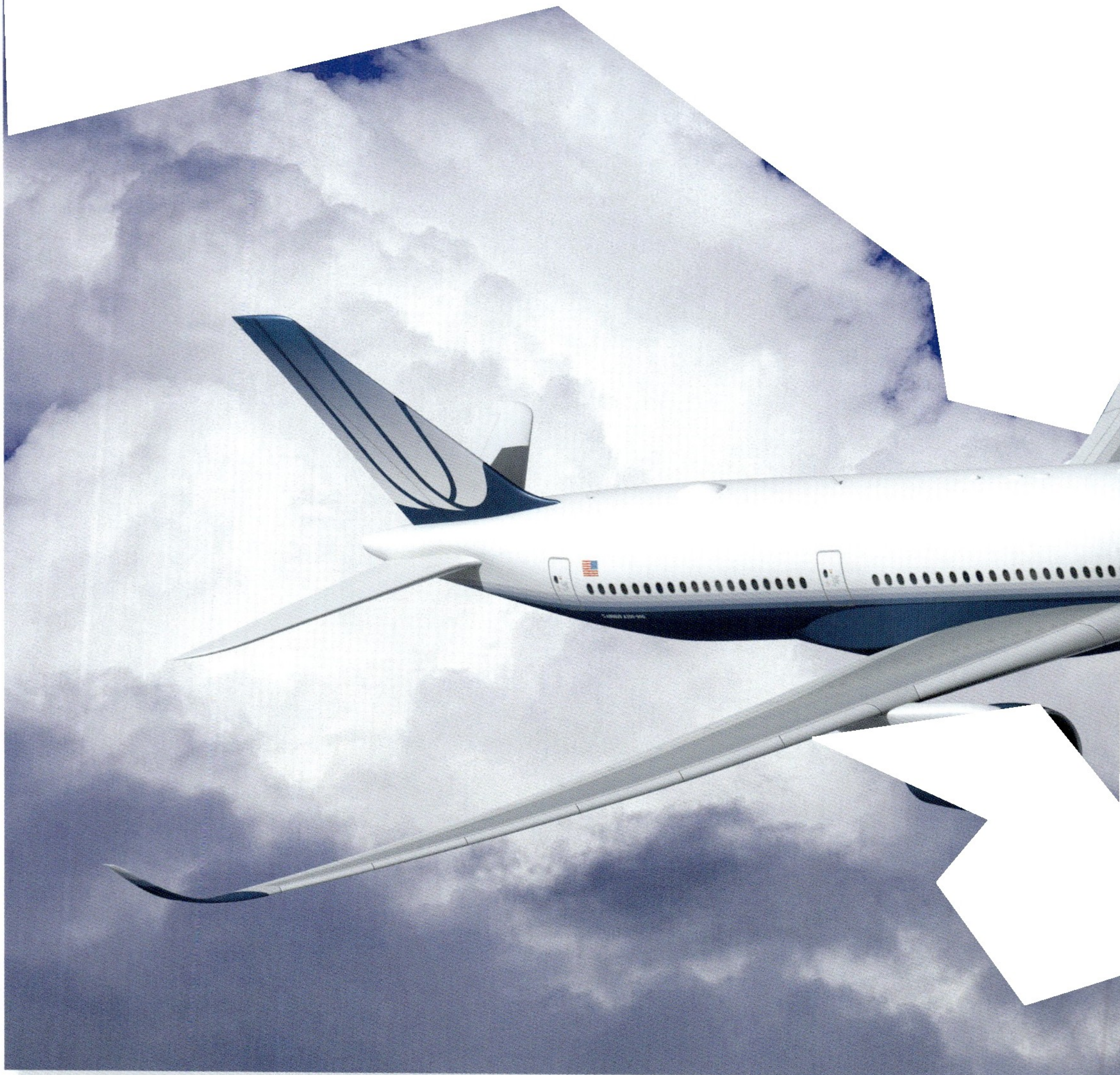

❑ *United Airlines, eine der großen US-Gesellschaften, wird die A350XWB fliegen und damit in den führenden Airlineverbund weltweit, die »Star Alliance«, einführen (Computergrafik).*

In der Basisversion, der A350-900, sind in einer Dreiklassen-Konfiguration 314 Sitze vorgesehen, bei entsprechender Auslegung können Flugzeuge der A350-Familie bis zu 440 Passagiere befördern. Die A350-Familie besteht aus drei Modellen, der -800er-, -900er- und -1000er-Version. Das kleinste Flugzeug A350-800 ist für bis zu 270 Sitze vorgesehen, die größte Version A350-1000 kann in der Standardausführung 370 Passagiere aufnehmen. Den Bedarf an sog. twin-aisle-Flugzeugen (zwei Gänge in der

Kabine) im Mittel- und Langstreckenbereich schätzt Airbus für die nächsten 20 Jahre auf insgesamt 8000 Maschinen. Es gibt also für beide Wettbewerber in diesem Segment genug zu tun.

A350XWB-Kunden

Aer Lingus	6
Aeroflot	22
Afriqiyah Airways	6
AirAsia X	10
Air One	12
Alafco	12
Asiana Airlines	30
Bangkok Airways	4
China Airlines	14
CIT	7
DAE Capital	30
Emirates	70
Ethiopian Airlines	12
Etihad	25
Finnair	11
Hawaiian Airlines	6
ILFC	20
Kingfisher Airlines	5
Libyan Airlines	4
MAZ Aviation	6
AWAS	2
Qatar	80
Singapore Airlines	20
Synergy Aerospace	10
TAM	22
TAP	12
Tunisair	3
ungenannte Kunden	2
United Airlines	25
US Airways	22
Vietnam Airlines	10
Yemenia	10
Gesamt	530
(Stand April 2010)	

Luftfahrtprognosen

Natürlich betreiben beide Hersteller intensive Marktforschung, schließlich wollen sie genau wissen, wie sich die weitere Entwicklung voraussichtlich darstellt. Dabei kommen die Wettbewerber zwar im Detail zu leicht unterschiedlichen Resultaten, in der Tendenz allerdings stimmen sie überein.

❑ *Airbus-Fertigung am laufenden Band. Aber selbst wenn man bei Boeing und dem europäischen Wettbewerber auf vollen Touren montiert, übersteigt die prognostizierte Nachfrage die vorhandenen Kapazitäten.*

Airbus prognostiziert:

- Die durchschnittliche Größe von Flugzeugen wird zukünftig zunehmen. Dabei gilt: Je länger die Strecke, desto größer das Flugzeug.
- Rund 14.000 Flugzeuge sind bis 2028 durch öko-effizientere Maschinen abzulösen.
- Der Bedarf an neuen Flugzeugen aller Größenklassen liegt in den nächsten 20 Jahren bei insgesamt bei rund 1250 Einheiten pro Jahr. Im Einzelnen bedeutet dies bis 2029:

  - Standardrumpfflugzeuge (single-aisle):17.000
  - Kleine Flugzeuge mit zwei Gängen (twin aisle): 4200
  - Mittelgroße Flugzeuge mit zwei Gängen: 2000
  - Große Flugzeuge und sehr große Flugzeuge: 1700

  Gesamt: 24.900 (inklusive Frachtflugzeuge)

❑ *Endmontage Dreamliner 787: Auch Seattle kann mit der geschätzten Nachfrage für die nächsten 20 Jahre nicht mithalten. Beide Hersteller sitzen in der gleichen Klemme.*

Boeing gibt folgende Einschätzung ab:

- Gesamtmarkt in den nächsten 20 Jahren: 30.900 neue »commercial airplanes«.
- Starkes und kontinuierliches Wachstum bei single-aisle-Flugzeugen.
- Die jährliche Zunahme des Fluggastaufkommens wird bei 5,3 % liegen.

Den Markt für große und sehr große Flugzeuge sieht Boeing deutlich restriktiver als Airbus. Nach Boeing-Prognose ist hier nur mit einem Bedarf von 720 Einheiten in den nächsten 20 Jahren zu rechnen. Boeing schätzt, dass die Fluggesellschaften viel stärker auf Direktflüge zu mehr Destinationen setzen werden. Bei einem Blick auf das Produktpro-

❑ *Sowohl Boeing als auch Airbus werden in den nächsten Jahren noch reichlich Gelegenheit haben, die Übergabe neuer Flugzeuge – wie hier eine 777F an die Air France – ausgiebig zu feiern.*

gramm zeigt sich, dass die Prognosen der beiden Wettbewerber mit dem jeweiligen Verkaufsprogramm korrelieren. Boeing sieht mehr Nachfrage für die 787, Airbus schätzt die Chancen für seine A380 höher ein. Die unterschiedlichen Einschätzungen in den verschiedenen Flugzeug-Kategorien sind sicher kein Zufall, allerdings ist der Markt für die 787 auch der Markt für die A350XWB.

Falls Boeing mit seinen geschätzten rund 31.000 Einheiten für die nächsten Jahre richtig liegt, dann bedeutet dies aber nichts anderes, als dass beide Hersteller zusammen die Nachfrage nicht werden befriedigen können. Dies gilt auch für die etwas moderatere Airbus-Einschätzung mit 25.000 neuen Einheiten bis 2029.
Fazit: Nach heutigem Stand liefern beide Produzenten jeweils etwa 500 Flugzeuge

❑ *Bombardier, Embraer, OAK und Comac stehen bereits in den Startlöchern und wollen ihren Teil von der Sahnetorte. Hier eine zweistrahlige Embraer 195 mit 2/2-Bestuhlung und bis zu 118 Plätzen.*

aller Kategorien pro Jahr an die Kunden aus. Mehr als 20.000 Maschinen sind demnach bei beiden Herstellern in den nächsten 20 Jahren nicht drin – es sei denn, man erhöht die Produktionskapazitäten erheblich. Ob man sich dazu entschließen wird scheint fraglich. Wenn aber die Prognosen zutreffen, ist reichlich Nachfrage für neue Anbieter vorhanden. Boeing und Airbus können demnach in jedem Falle von einer vollen Auslastung ihrer Produktionsstätten für die nächsten 20 Jahre ausgehen. Bombardier, COMAC, Embraer, Suchoi/Irkut und andere Aspiranten dürfen die Zahlen der beiden Konzerne aus Toulouse und Seattle hingegen als deutliche Einladung zum Eintritt in den exklusivsten Club der hoch entwickelten Industrienationen betrachten: Willkommen bei der crème de la crème der Flugzeugbauer.

Die aktuellen

Es könnte doch alles viel einfacher sein – wenn es diese Europäer nicht gäbe!

Im Laufe der Zeit haben sich die beiden Konkurrenten sehr genau aufeinander eingestellt und auch ihre Produktfamilien weitgehend aufeinander abgestimmt. Was der eine bieten kann wird umgehend vom anderen gekontert, in fast allen gemeinsam bedienten Marktsegmenten stehen sich nahezu gleichwertige Modelle in den Produktpaletten gegenüber und überlassen dem Kunden die Qual der Wahl (sogar ohne Preisdiktat, der Wettbewerb funktioniert also, zumindest prinzipiell). Obgleich im Detail Unterschiede bei den Produkten deutlich zutage treten, ist die Konkurrenz

❑ *Bombardier, Embraer, OAK und Comac stehen bereits in den Startlöchern und wollen ihren Teil von der Sahnetorte. Hier eine zweistrahlige Embraer 195 mit 2/2-Bestuhlung und bis zu 118 Plätzen.*

aller Kategorien pro Jahr an die Kunden aus. Mehr als 20.000 Maschinen sind demnach bei beiden Herstellern in den nächsten 20 Jahren nicht drin – es sei denn, man erhöht die Produktionskapazitäten erheblich. Ob man sich dazu entschließen wird scheint fraglich. Wenn aber die Prognosen zutreffen, ist reichlich Nachfrage für neue Anbieter vorhanden. Boeing und Airbus können demnach in jedem Falle von einer vollen Auslastung ihrer Produktionsstätten für die nächsten 20 Jahre ausgehen. Bombardier, COMAC, Embraer, Suchoi/Irkut und andere Aspiranten dürfen die Zahlen der beiden Konzerne aus Toulouse und Seattle hingegen als deutliche Einladung zum Eintritt in den exklusivsten Club der hoch entwickelten Industrienationen betrachten: Willkommen bei der crème de la crème der Flugzeugbauer.

Die aktuellen

Es könnte doch alles viel einfacher sein – wenn es diese Europäer nicht gäbe!

Im Laufe der Zeit haben sich die beiden Konkurrenten sehr genau aufeinander eingestellt und auch ihre Produktfamilien weitgehend aufeinander abgestimmt. Was der eine bieten kann wird umgehend vom anderen gekontert, in fast allen gemeinsam bedienten Marktsegmenten stehen sich nahezu gleichwertige Modelle in den Produktpaletten gegenüber und überlassen dem Kunden die Qual der Wahl (sogar ohne Preisdiktat, der Wettbewerb funktioniert also, zumindest prinzipiell). Obgleich im Detail Unterschiede bei den Produkten deutlich zutage treten, ist die Konkurrenz

Kontrahenten

unterm Strich relativ ausgeglichen, es gelingt dem einen gegenüber dem anderen meist nur für eine relativ kurze Zeit, einen deutlichen Vorsprung herauszuarbeiten – in der Regel folgt der Gegenangriff auf dem Fuße.

Von entscheidender Bedeutung für die Leistungsfähigkeit ihrer Produkte sind die Triebwerke. Hier können beide Hersteller nur auf wenige Adressen zurückgreifen, das erschwert die Abgrenzung untereinander. Denn der Motor bestimmt nun einmal ganz wesentlich die Parameter der wettbewerbsrelevanten Werte des Produktes – und hier müssen beide Anbieter in einen nahezu identischen Warenkorb greifen. Daher bleiben den beiden Flugzeugbauern fast nur die Faktoren Gewicht und Aerodynamik, um deutliche Präferenzen für ihr Produkt herauszuarbeiten. Dazu Wartungskonzepte, Passagierkomfort, Lebensdauer und noch ein paar weitere Aspekte, bei denen man sich differenzieren kann. Hier in der Summe der Vorteile das entscheidende Plus herauszuholen und einen Schritt voraus zu sein ist die Herausforderung für die beiden Hersteller. Keine einfache Aufgabe. Und dann ist da noch die Politik. Auch Kunden machen Politik: Wenn Emirates in Berlin 32 neue A380 bestellt und anschließend in Farnborough einen 777-Auftrag auf 30 Exemplare aufstockt ist auch das Politik. Man will sowohl die EU als auch die USA bei Laune halten und durch gleichmäßige Zuwendung dafür sorgen, dass beide den Emiraten gewogen bleiben.

Boeing versucht derzeit, sich einen deutlichen Vorteil dadurch zu verschaffen, dass man einen Triebwerkshersteller, hier General Electric, für bestimmte Neu-Entwicklungen exklusiv für das eigene Unternehmen verpflichtet: Motor XY bekommt man nur an einem Boeing-Flugzeug. Doch ganz so eindeutig mag sich auch General Electric nun nicht an einen Hersteller binden und so hat man sich eine Hintertür offen gelassen und gründete ein neues Unternehmen mit Pratt & Whitney, die Engine Alliance. Ein raffinierter Ausweg ohne das Gesicht zu verlieren. Bei Boeing gab das lange Mienen, denn gleich zwei Top-Spezialisten in einem Gemeinschafts-Unternehmen als Lieferanten vorgesetzt zu bekommen ist ja für den europäischen Konkurrenten fast noch besser. Natürlich gibt es nun das XY-Triebwerk ausschließlich an Boeing-Flugzeugen, aber Engine Alliance hat dafür aber ein anderes, gleichwertiges Glanzstück im Programm. Und dann sind da schließlich auch noch

❑ *Unbestrittener Star der Berliner ILA 2008 war der Megaliner aus Toulouse. Es sollte aber noch weitere zwei Jahre dauern, bis der europäische Riese endlich mit erheblicher Verspätung seinen Dienst unter deutscher Flagge aufnehmen konnte.*

❑ *Eine Boeing 747-400 der Lufthansa vor dem Abflug in Frankfurt. Bis Ende 2010 war sie das Flaggschiff der größten europäischen Linienfluggesellschaft.*

der Traditions-Triebwerksbauer Rolls-Royce, sowie CFM und IAE.
Das Konstruieren von Monopolen will also im Bereich der Zivilflugzeuge nicht so recht gelingen. Zum Vorteil der Airlines, die bei einem abgekarteten Spiel für die Zeche aufkommen müssten. Und letzlich zum Vorteil auch für den Fluggast, denn müssten die Airlines die Monopolisten-Rechnung bezahlen, würden sie die Kosten natürlich weiterreichen. Der Wettbewerb der Flugzeugbauer ist also verbraucherfreundlich und notwendig – ein Grund mehr, warum die Europäische Gemeinschaft gegenüber der WTO einen klaren Standpunkt vertritt und mit der Revision gegenüber den jüngsten Beschlüssen auch weiterhin vertreten wird. Eine Entscheidung über die von der EU eingelegte Revision vor einem WTO-Revisionsgericht ist erst nach dem Boeing-Subventionsbericht im September für Oktober 2010 zu erwarten.
Man wird also weiterhin über die Leistungsfähigkeit der Produkte miteinander konkurrieren müssen; über die Produktleistung und die Produktqualität fällt die Entscheidung der Käufer. Und da liegt der freche europäische Eindringling gegenwärtig nicht schlecht.

Die aktuellen Kontrahenten

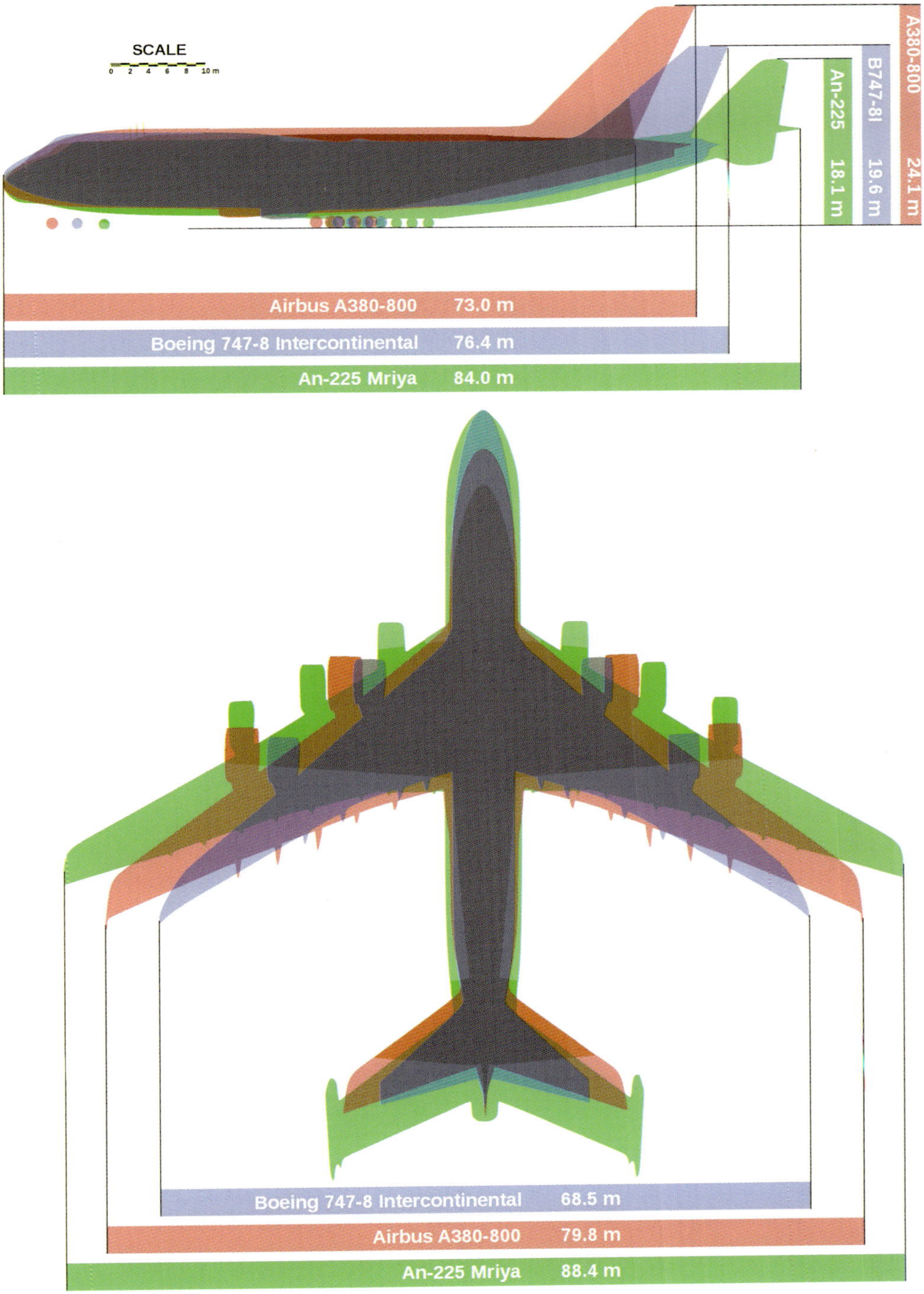

❑ *Giganten der Lüfte: Größenvergleich – 747-8, A380-800 und An-225. © Clem Tillier*

A320 vs. 737

Die A320-Familie ist das derzeitige »Brot-und-Butter«-Produkt bei Airbus. Sie bringt die Stückzahlen, macht den größten Umsatz und sorgt für volle Kassen. Die vier Modelle liegen beim Bestelleingang vor den entsprechenden Mustern jenseits des Atlantiks, allerdings hat die 737-Familie einen riesigen Vorsprung, sie läuft ja auch schon entsprechend länger und wird derzeit als dritte Generation in der Variante NG (Next Generation) ausgeliefert

A318/319/320/321 Standardrumpf/single-aisle

In Produktion seit 1988, Montagelinien in Toulouse, Hamburg, Tianjin/VR China

Bestellungen gesamt:	6528
Bestellungen ausgeliefert:	4300
Auftragsbestand aktuell:	2228
Bestelleingang 2009 gesamt:	228
Fertigungsrate:	40/Monat (ab 1. Quart. 2012)
Stückpreis je nach Modell:	62,5 bis 95,5 Mio. US-$ (Stand 01/2010)

Boeing 737-100/-200/-300/-400/-500/-600/-700/-800/-900ER

Erste Generation 737-100/-200, Produktion eingestellt 1988, insgesamt 1144 Exemplare.
Zweite Generation (»Classic«) 737-300/-400/-500 in Produktion ab 1984, eingestellt Ende 1999, insgesamt 1988 Flugzeuge.
Dritte Generation 737-600/-700/-800/-900 ab 1998 in Produktion, bis heute ca. 3000 Flugzeuge ausgeliefert.
Die 737 ist die unbestrittene »Cashcow« der Division »commercial airplanes« bei Boeing. Auch von der Farnborough Airshow 2010 konnte Boeing bereits in den ersten Tagen deutlich mehr als 100 Verkäufe der 737 melden.

Boeing 737 Standardrumpf/single-aisle

In Produktion seit Dezember 1967

Bestellungen gesamt:	8278
Bestellungen ausgeliefert:	>6000
Auftragsbestand aktuell:	> 2200
Bestellungen 2010 bisher:	> 200
Fertigungsrate:	33/Monat (ab Frühjahr 2012 ist eine Steigerung auf 35 vorgesehen)
Stückpreis je nach Modell:	51,5 bis 87,0 Mio. US-$ (Stand 07/2010)

A330 Widebody/twin aisle

In Produktion seit 1992, Montage gemeinsam mit A340 auf einer Montagelinie in Toulouse

Bestellungen gesamt:	> 1057
Bestellungen ausgeliefert:	> 671
Auftragsbestand aktuell:	> 386
Bestelleingang 2009 gesamt:	78 (A330/340/350XWB)
Fertigungsrate A330/340:	8,5/Monat (geplant ist Aufstockung auf 9)
Ablösung vorgesehen durch A350XWB ab 2013	
Stückpreis je nach Modell: :	191 bis 212 Mio. US-$

Airbus hat mittlerweile auch das Modell A330-200F in das Bauprogramm aufgenommen und verfügt damit über ein Frachtflugzeug mittlerer Größe für Mittel- und Langstrecken. Bisher sind für diese Variante 64 Aufträge eingetroffen, die in der Gesamtstückzahl enthalten sind.

767 Widebody/twin aisle

In Produktion seit 1981

Bestellungen insgesamt:	1041
Bestellungen ausgeliefert:	986
Auftragsbestand aktuell:	55
Bestelleingang 2010 bisher:	2 (Stand 07/2010)

Ablösung vorgesehen durch 787 Dreamliner ab 2010/11

Stückpreis je nach Modell:	127 bis 173 Mio. US-$ (Preisstand 2008)

Mit dem Erscheinen der A330 endete der Höhenflug der 767, der breitere Rumpf und die höhere Reichweite des europäischen Konkurrenten machte die bisherige Spitzenreiterin bei den zweimotorigen Mittel- und Langstrecken zum zweiten Sieger, der Verkauf der 767 brach regelrecht ein und dümpelt seither nur noch mühsam vor sich hin.

A340 vs. 777

A340 Widebody/twin aisle

Das Schwestermodell der A330 unterscheidet sich vor allem durch die Zahl der Triebwerke, die ihr eine nochmals gesteigerte Reichweite verschaffen. Der Viermotorer war Rekordhalter auf der Langstrecke, wurde aber schließlich von der 777 getoppt, die eine neue Bestleistung aufstellen konnte.

In Produktion seit 1991	
Bestellungen insgesamt:	ca. 380
Bestellungen ausgeliefert:	ca. 370
Auftragsbestand aktuell:	< 10
Stückpreis je nach Modell:	228 bis 263 Mio. US-$ (Stand 2010)

Da praktisch keine neuen Bestellungen mehr eingehen bzw. vorhandene Bestellungen auf A350XWB-Versionen umgeschrieben sind, kann man von einer Einstellung der Fertigung dieses Modelles mit allen Versionen in absehbarer Zeit ausgehen. Für den Niedergang der A340 sind faktisch die zweimotorige 777 aber auch das erfolgreichere Schwestermodell A330 verantwortlich. Vierstrahlige Flugzeuge dieser Größenordnung sind nicht mehr zeitgemäß, Zweimotorer mit 180er- oder gar 240er-ETOPS-Regelung haben ihnen den Rang abgelaufen.

777 »Triple Seven« Widebody/twin aisle

Mit der 777 definierte Boeing neue Maßstäbe im Interkontinentalverkehr und beendete das Primat der Vierstrahler bei Flugzeugen mittlerer bis hoher Kapazität. Mit der bis heute unübertroffenen Bestleistung der 777-200LR vom November 2005 mit 21.600 km nonstop präsentierte sich der größte und schwerste Zweistrahler der Welt als Meister aller Klassen auf der Langstrecke.

In Produktion seit 1995

Bestellungen insgesamt:	>1160
Bestellungen ausgeliefert:	822
Auslieferungen 2009 gesamt:	88
Bestellungen 2009:	30
Bestellungen 2010 bisher:	36 (Stand 07/2010)
Auftragsbestand aktuell:	ca. 330
Stückpreis je nach Modell:	205 bis 260 Mio. US-$

Seit 2009 liefert Boeing auch eine Frachtversion der »Triple Seven« mit der Bezeichnung 777F aus, bisher sind rund 71 Flugzeuge dieses Musters mit 103 t Nutzlast bestellt, weitere Absichtserklärungen für den Kauf liegen vor. Mit dem absehbaren Ausscheiden der A340 aus der Produktion bleiben als Wettbewerber für die 777 nur noch die A330 und vor allem die in der Entwicklung befindliche A350XWB im Rennen. Da auch der Dreamliner 787 noch 2010 in die Serie gehen soll, ist das Segment der zweistrahligen Langstreckenmaschinen ein heiß umkämpfter Markt, auf dem beide Konkurrenten den Ton angeben möchten. Wer letztlich auf Platz 1 landet, lässt sich gegenwärtig nicht zuverlässig prognostizieren, Boeing hat allerdings mit der 777 und 787 eine hervorragende Ausgangsposition für die kommenden Jahre.

Die Riesen – A380 vs. 747

A380 twin aisle

In Produktion seit 2007

Bestellungen insgesamt:	234
Bestellungen ausgeliefert:	33
Auftragsbestand aktuell:	201
Frachtkapazität max. :	bis zu 38 LD3-Container im Unterdeck
Fertigungsrate:	ca. 2/Monat (20 Auslieferungen für 2010 vorgesehen)
Stückpreis:	346 Mio. US-$

Im Segment VLA (Very Large Aircraft) nimmt die A380 derzeit eine Ausnahmestellung ein. Ihre Attraktivität für die Fluggesellschaften ist ungebrochen, erst kürzlich bestellte Emirates auf der ILA in Berlin 2010 weitere 32 Exemplare dieses Riesen bei Airbus. Von großer Bedeutung für den weiteren Erfolg des größten Verkehrsflugzeuges der Welt sind die Lieferzeiten. Wenn es Airbus gelingt, die Zahl der Auslieferungen signifikant zu steigern, winken weitere Aufträge – auch für die Frachtversion. Die derzeitige Liefersituation allerdings macht es Interessenten sehr schwer, eine Entscheidung zu treffen, die derartig weit – bis zu zehn Jahre – in die Zukunft reicht.

Jumbo 747-8 twin aisle

Mit zwei komplett neuen 747-Versionen will Boeing an den einstigen überragenden Markterfolg des Jumbos anknüpfen – die 747-8F (Frachter) und 747-8I (Passagierversion) sollen die Kunden auf aufkommensstarken Langstrecken für Boeing bei der Stange halten. Aber die Aussichten für Boeing bei diesem Wettbewerb gegen den moderneren Europäer sind eher trübe. Nur acht Bestellungen konnte Boeing im Jahr 2009 für sein größtes Modell vermelden, 2010 sieht es noch schlechter aus: Einen einzigen Auftrag für das einstige Aushängeschild der Firma verzeichnete man in Chicago für das erste Halbjahr. Fazit: Der gute alte Jumbo braucht dringend Aufwind.

In Produktion seit 1969
Bestellungen insgesamt: >1520
Bestellungen ausgeliefert: 1412
Auftragsbestand aktuell: 108 (76 Bestellungen 747-8F plus 32 Orders für die 747-8I); erste Auslieferungen ab 2010 für den Frachter, für die Passagierversion ab 2011
Stückpreis: 293 bis 308 Mio. US-$

Der Erstflug der 747-8F fand am 8. Februar 2010 statt, die Indienststellung der Passagierversion 747-8 Intercontinental ist für das Jahr 2012 geplant (Lufthansa).

Die Nachfolger – A350XWB vs. Dreamliner

Eine neue Flugzeuggeneration mit mittlerer Kapazität für Langstrecken steht in Europa und in den USA vor der Auslieferung bzw. in der letzten Stufe der Entwicklung. Die A350XWB soll ab 2013 die Modelle A330/340 ablösen, der Dreamliner 787 steht schon bald zur Nachfolge für die 767 und bedingt auch für die 777 bereit und soll spätestens Anfang 2011 erstmals bei der japanischen ANA seinen regulären Liniendienst aufnehmen. Die neuen Modelle beider Hersteller weisen große Ähnlichkeit in ihrer Konzeption auf, insbesondere bei den Werkstoffen hat man sich weitgehend angenähert, wenn auch im Detail noch immer signifikante Unterschiede bestehen.

Airbus A350XWB twin aisle

Die A350XWB kann gegenüber dem direkten Konkurrenten Dreamliner 787 mit ihren beachtlichen Maßen glänzen. Mit einer Rumpfbreite von 5,96 m ist sie das geräumigste Flugzeug ihrer Klasse. Die zweistrahlige A350-900 soll ab Mitte 2013 startbereit für den Linienflugbetrieb stehen. Neben der A350-900 sind noch die kleinere Version A350-800 sowie die größere Variante A350-1000 vorgesehen. Der Erstflug der A350-900 ist für 2012 geplant.

Bestellungen bisher:	530 (+ 15 Kaufabsichtserklärungen Hongkong Airlines)
Kunden bisher:	33
Auslieferungen:	ab 2012/13
Stückpreis:	225 bis 285 Mio. US-$

Dreamliner 787 twin aisle

Bezogen auf die Zahl der Bestellungen vor Produktionsbeginn ist die 787 das erfolgreichste Bauprogramm, das die »commercial airplanes«-Sparte bei Boeing je erlebt hat. Mit 847 Orders aktuell verfügt Boeing über einen Auftragsbestand, der erst in Jahren abgearbeitet werden kann – selbst dann, wenn nun der weitere Ablauf des von vielen Verzögerungen begleiteten Programms ohne neue Komplikationen erfolgt. Auf der Airshow in Farnborough 2010 konnte Boeing kleine zusätzliche Aufträge abschließen. Die 787 ist nach Boeing-Aussage die von allen Auftraggebern gewünschte »ideale Kombination der Passagier-Kapazität einer 767 mit Reichweite und Geschwindigkeit einer 777«.

Bestellungen gesamt:	> 847 (Stand 8/2010)
Auslieferung:	ab 2011; vier Versionen 787-3, 787-8 (Standardmodell), 787-9 und 787-10 (projektiert)
Stückpreis:	150 bis 205 Mio. US-$

Airbus ACJ vs. Boeing BBJ

Üblicherweise sind Boeing und Airbus im Geschäft mit Business Jets nicht zu finden – es gibt aber zwei Ausnahmen: ACJ und BBJ. Diese beiden von Serienmaschinen abgeleiteten Sondermodelle bieten Platz und Komfort, wie sie am Markt befindliche »normale« Geschäftsreiseflugzeuge nicht aufweisen können. Allerdings sind die Preise für diese Sondermodelle entsprechend gesalzen, was aber für liquide Konzerne und Magnaten kein wirkliches Hindernis darstellt. Mercedes-Benz und Volkswagen beispielsweise haben nicht nur Autos sondern auch einen Airbus auf einem Firmenparkplatz stehen.

Airbus Corporate Jet ACJ

Zu den gängigen ACJ-Varianten zählen neben A319 auch die A318 Elite, A320- und A321-Versionen. Sie alle, aber auch A330/340 in »Prestige«-Auslegung mit reduzierter Zahl der Plätze und sogar die A380 sowie die kommende A350XWB lassen sich in Corporate Jets konvertieren. Es ist primär eine Preisfrage.

ACJ in Produktion seit 1997

Bestellungen insgesamt:	> 160
Stückpreis:	ab ca. 60 Mio. US-$, nach oben keine Grenzen

❑ *Dezent, dezent: Der BBJ (HB-110) der Schweizer Private Air legt keinen Wert auf ein übermäßig auffälliges Erscheinungsbild und verzichtet gern auf das übliche Airline-Logo.*

Einen sogar langstreckenfähigen BBJ mit nur 44 Plätzen findet man bei der exklusiven Schweizer Private Air, die ihrem betuchten und erlauchten Kundenkreis beispielsweise auf der Nordatlantik-Route zwischen Europa und den USA außergewöhnlichen Komfort und Service bietet, der allerdings seinen Preis hat. Doch über mangelnde Auslastung können die Schweizer nicht klagen.

Boeing Business Jet BBJ (737)

Boeing lässt seinen Kunden ebenfalls viel Raum für Sonderwünsche. Den BBJ baut der US-Hersteller mittlerweile in drei Versionen. Die kleinste Variante basiert auf der 737-700, die nächst größeren Modelle greifen auf 737-800 und 737-900 zurück. Die Ausstattung ist individuell, auf Wunsch stehen auch größere Modelle bis hin zur 747 und 787 in Business Jet-Konfiguration zur Verfügung.

Bestellungen bisher: 146
Stückpreis: ab ca. 50 Mio. US-$, auch hier kein Preislimit nach oben

❑ *Blick in das Innenleben eines BBJ. Viel Raum zum Dinieren, Konferieren und Relaxen.*

Aluminium oder CFK?

Die Flugzeugbauer weltweit sind sich über die Materialien der Zukunft keineswegs einig, eine Vorentscheidung für Verbundwerkstoffe ist mit 787 und A350 noch nicht gefallen. Eine Offensive der Aluminium-Hersteller mit neuen Hightech-Metallen findet beachtliche Resonanz in der Luftfahrtindustrie. So will Bombardier bei seiner neuen CS-Baureihe ab 2012 mit 100 bis 149 Plätzen extrem leichte Aluminium-Lithium-Legierungen (»airware«) für den Rumpf einsetzen, die auch Airbus beim A350-Flügel verwendet. Das Rennen ist also völlig offen – die wohl endgültige Weichenstellung wird bei den Nachfolgern für 737 und A320 erwartet. Aber damit ist nicht vor 2020 bis 2025 zu rechnen.

Die neuen Metalle bieten erhebliche Vorteile: Der Blitzschutz von Metallflugzeugen ist deutlich einfacher als bei den in dieser Hinsicht problematischen CFK-Bauteilen und sie sind voll recycelbar und damit umweltfreundlicher. Auch die chinesische Luftfahrtindustrie liebäugelt bei ihrem neuen C919-Modell (COMAC, 156 bis 168 Sitze) mit den neuartigen Aluminium-Derivaten. Ob CFK-Bauteile das letzliche Material der Zukunft im Flugzeugbau darstellen ist also derzeit noch völlig offen. Die Aluminium-Industrie jedenfalls will die für sie wichtige Luftfahrt-Branche keinesfalls abschreiben und investiert kräftig in Forschung und Entwicklung.

❑ *Aufbringen der CFK-Lagen auf Legeform für A350XWB bei Premium AEROTEC.*

❑ *Nahtloses Laserstrahlschweißen an Airbus-Bauteilen in Nordenham.*

Messen und Ausstellungen

Für die gnadenlos konkurrierende Luftfahrtbranche sind Messen und Ausstellungen Höhepunkte des Jahres, ein bedeutender Marketingfaktor und Gradmesser für Konjunktur und Trends. Auf Messen kann man neue Produkte zeigen und vorführen, Resonanz und Feedback abtesten, wichtige Kunden treffen, verhandeln und Abschlüsse tätigen, hier finden sich Airlines und Hersteller zusammen, hier repräsentieren sich die Unternehmen und stehen für Kundengespräche bereit. Berlin-Schönefeld, Paris Le Bourget, Singapur und Farnborough sind die Schlüsselworte, mit denen ein bedeutender Teil des Geschäftes verbunden ist. An diesen Orten kommen die Top-Repräsentanten der führenden Unternehmen der Branche zusammen, hier erforschen die Medien den (Luftfahrt-)Puls der Zeit und melden die wichtigen Ereignisse in alle Welt.
Gern legen die großen Unternehmen bedeutende Pressekonferenzen und Veranstaltungen auf Messetermine, Messen sind optimal für die eigenen PR-Aktivitäten und sehr häufig terminiert man große Verkaufsabschlüsse in die Messezeit, weil man sich hier der Aufmerksamkeit der Medien für Milliardengeschäfte sicher sein kann. Doch markieren die spektakulären Vertragsabschlüsse oft nur die Spitze des Eisberges, die Verhandlungen hatten sich oft bereits lange hingezogen und werden nun mediengerecht auf der Messe inszeniert und zelebriert, das hebt das Image, steigert die Reputation und beeindruckt die Wettbewerber. Messen sind zu einem erheblichen Teil pure Show und die verkündeten Zahlen basieren oft auf irrealen Listenpreisen.
Des Publikumsinteresses kann man sich jedoch sicher sein, die Pressemeldungen jagen um den Globus und künden von der Innovationskraft der vielleicht anspruchsvollsten Industriebranche überhaupt, nirgends sind die Barrieren höher, der Marktzugang schwieriger, die Anforderungen an Ingenieure und Konstrukteure höher.

❑ *Gefragtes Modell: Messe-Schönheit à la Toulouse bereit zum Buchen ab 2013.*

VNO
EA
Engine Alliance

Die Luftfahrtindustrie repräsentiert mehr als andere Branche die technische Leistungsfähigkeit eines Landes, sie zeigt die modernsten Technologien, leistet Pionierarbeit bei neuen Werkstoffen, nutzt die raffiniertesten Systeme und die anspruchsvollste Software. Messen und Ausstellungen bieten die Gelegenheit zu zeigen was man kann und seine Spitzenleistungen vorzuführen – um Kunden zu gewinnen, den Nachwuchs für das eigene Unternehmen einzunehmen und Wettbewerber zu demoralisieren. Dafür lässt man gern auch einmal »die Puppen tanzen«, lädt ein zu exklusiven Veranstaltungen und freut sich an den Publikumstagen über das große Interesse hunderttausender begeisterter Besucher, die sich an den maßlos teuren und oftmals atemberaubenden Schöpfungen aus Metall und Kunststoffen nicht satt sehen können. Mit der Verkündung immer neuer Verkaufsrekorde will man demonstrieren, wer den Ton im Luftfahrtgeschäft angibt.

Nimmt man Farnborough 2010 als Maßstab, so fällt auf, dass Boeing die ganz großen Abschlüsse bei den ganz kleinen Standardrumpf-Flugzeugen erzielt, während Airbus in mehreren Kategorien punkten kann. Bereits seit 2003 liefert Airbus jährlich mehr Flugzeuge aus als der US-Hersteller. Das blieb auch in den Jahren 2008 und 2009 unverändert – Airbus war damit erneut Spitzenreiter der Branche (54% Marktanteil 2009). Orientiert man sich für 2010 an Farnborough als Richtwert und Trendmesser spricht einiges dafür, dass Airbus seine langjährig führende Stellung auch 2010 halten kann. Und das, obwohl doch Boeing sein bestes Pferd im Stall aufmarschieren ließ – den brandneuen Dreamliner 787.

❑ *Hautnah will man die Objekte seines Interesses – wie hier auf der ILA 2010 in Berlin – erleben, je dichter man an den Riesen-Airbus A380 rankommt desto besser. Und ewig klicken die Kameraverschlüsse.*

❑ *Noch drei Sekunden bis Farnborough 2010: Zum ersten Mal setzte der neue Star der Branche, die 787, auf eine Piste außerhalb der Vereinigten Staaten auf. Es war ein langer Weg...*

787
DREAM LINER
N7878X

Zahlen, Bestellungen und Auslieferungen – eine Gegenüberstellung

Airbus S.A.S.	
Umsatz Airbus 2009: 28 Mrd. Euro (fiktiver Wechselkurs 1,35) entspricht ca. 38 Mrd. US-$	
Bestellungen 2009	
A318/A319/A320/A321	228
A330/A340/A350	78
A380	4
Total	310 Gesamtwert rund 34,9 Mrd. US-$ auf Basis Listenpreise
Auslieferungen 2009	
A318/A319/A320/A320	402
A330/A340	86
A380	10
Total	498 (483 Flugzeuge 2008 + 15)
Bestellungen gesamt (Ende 2009)	
A318/A319/A320/A321	6528
A300/A310	816
A330/A340/A350	1940
A380	202
Total	9486
Auslieferungen gesamt (bis 2009)	
A318/A319/A320/A321	4125
A300/A310	816
A330/A340/A350	1034
A380	23
Total	5998
Auftragsbestand (Ende 2009)	
A318/A319/A320/A321	2403
A330/A340/A350	906
A380	201
Total	3488
Auslieferungen (2010; Stand Juli 2010)	
A380	10
Weitere Zahlen nach Modellen liegen für Airbus derzeit nicht vor	
Neubestellungen und Optionen (Stand Juli 2010)	
A318/A319/A320/A321	285
A330/A340/A350	65
A380	32
Total	> 380
Airbus rechnet mit mehr als 400 Bestellungen gesamt im Jahr 2010	

Boeing commercial airplanes	
Umsatz Boeing commercial airplanes 2009: 34,1 Mrd. US-$	
Bestellungen 2009	
737 NG	197
747	5
767	7
777	30
787	24
Total	263
Auslieferungen 2009	
737 NG	372
747	8
767	13
777	88
Total	481 (375 Flugzeuge 2008 + 106)
Bestellungen gesamt (bis 2009; nur aktuelles Produktionsprogramm)	
737 NG	> 8100
747	1400
767	> 1050
777	> 1120
787	863
Total	> 12.500
Auslieferungen gesamt (bis 2009; nur aktuelles Produktionsprogramm)	
737 NG	> 6000
747	> 1400
767	> 980
777	792
Total	> 9200
Auslieferungen gesamt (2010; Stand Juli 2010)	
737 NG	181
767	6
777	35
Total	222 (Vorjahr 246)
Für das Gesamtjahr 2010 erwartet Boeing per 07/2010 Auslieferungen von 460 bis 465 Flugzeugen (2009 gesamt 481)	
Auftragsbestand (Ende 2009)	
737 NG	2093
747	109
767	55
777	262
787	847
Total	3366
Neubestellungen (2010; Stand Juli 2010)	
737 NG	236
747	1
767	3
777	25
787	4
Total	261

Die Konzerne machen mobil

Airbus Military vs. Boeing Defense

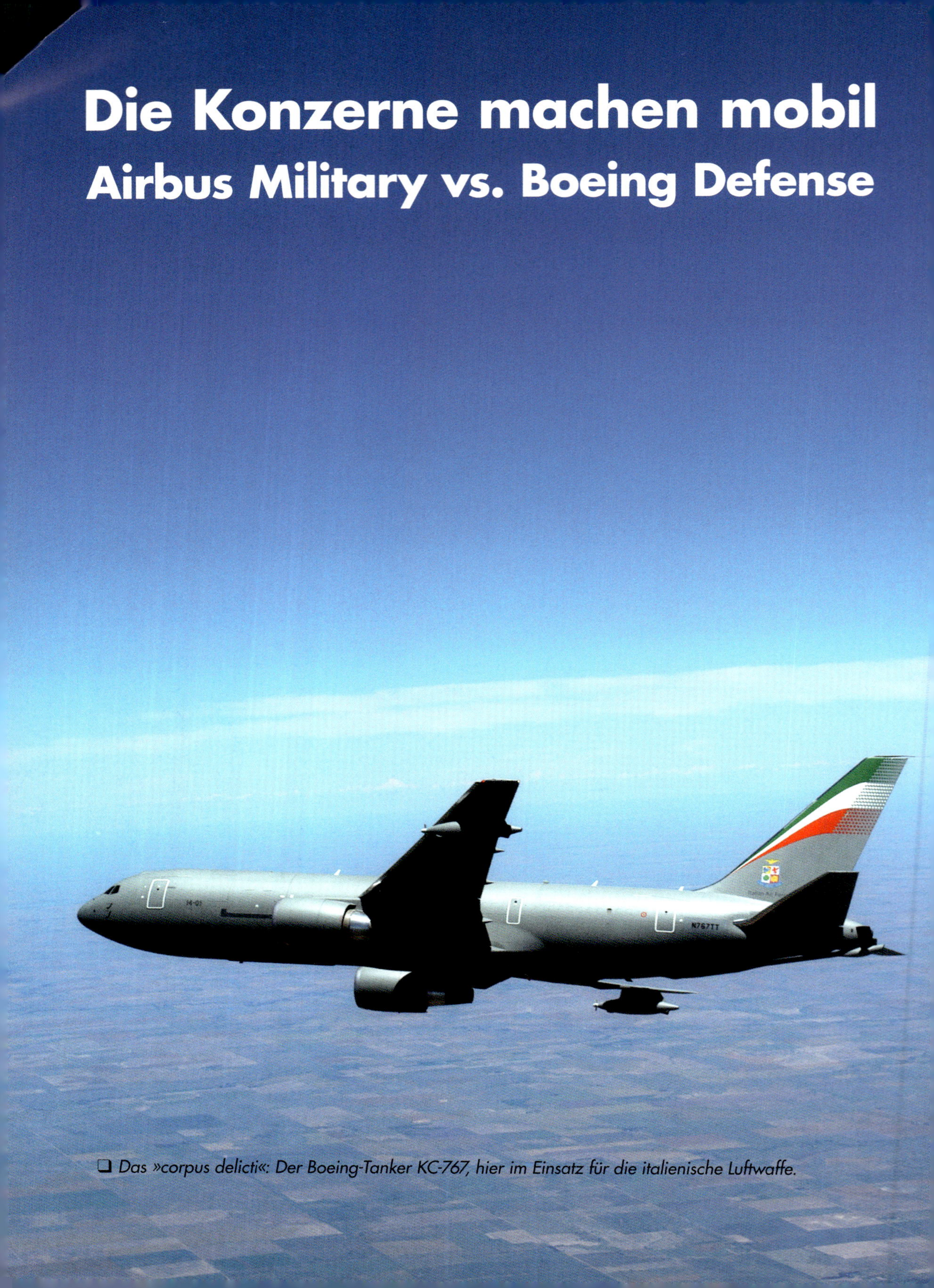

❑ *Das »corpus delicti«: Der Boeing-Tanker KC-767, hier im Einsatz für die italienische Luftwaffe.*

❑ *Nicht nur ein wenig antiquiert. Der Oldie KC-135 muss aber in jedem Fall noch bis nach 2040 Dienst schieben.*

Erstes Kapitel: Die Tanker-Groteske KC-X

Alles begann eigentlich ganz harmlos. Das Pentagon suchte ab etwa dem Jahre 2000 langfristig eine Alternative für den Ersatz des veralteten Tankflugzeuges KC-135, das auf der Boeing 707 basiert und in die Jahre gekommen war. Boeing bot an, die 767 als Tanker umzurüsten und offerierte eine Leasing-Offerte über vorerst 100 Maschinen. Dieses eigenartige Geschäft führte zu Aufregung in Repräsentantenhaus und Senat, die Sache wurde genauer untersucht und man deckte einen Skandal auf. Eine leitende Angestellte in der Beschaffung des Verteidigungsministeriums hatte sich als Gegenleistung für den lukrativen Tanker-Auftrag eine gut dotierte Führungsposition beim US-Luftfahrtkonzern ergattert und damit gegen die geschriebenen und ungeschriebenen Spielregeln derartiger Geschäfte verstoßen. Das Ergebnis für die Angestellte: Sie nahm nicht etwa auf einem weichgepolsterten Sessel bei Boeing Platz, sondern musste sich mit spartanischerem Mobiliar begnügen, denn sie wanderte statt zum US-Konzern für neun Monate ins Gefängnis. Das Ergebnis für Boeing: Das fein ausgetüftelte Korruptionsgeschacher KC-767 war geplatzt und auch der seinerzeitige Boeing-Chef Phil Condit und andere Beteiligte kamen hinter schwedische Gardinen; die Karriere von Condit bei Boeing war mit dieser Affäre beendet. Nach einem Intermezzo mit Harry Stonecipher als Chef, das ebenfalls mit einem Skandal endete, übernahm ein erfahrener Luftfahrt-Manager, James McNerney, 2005 den Chefsessel bei Boeing und hat diesen Posten bis heute inne. Es war dann Verteidigungsminister Donald Rumsfeld, der dem Projekt im Januar 2006 den Todesstoß versetzte. Boeing kostete der ziemlich unsaubere Deal schmerzliche 615 Millionen US-Dollar Strafe.

Doch schon im April desselben Jahres

❑ *Im Anflug auf das Pentagon? Eine KC-45 der australischen Luftwaffe auf A330MRTT-Basis kurz vor dem Aufsetzen in den Vereinigten Staaten.*

kochte die Ersatzfrage erneut hoch, im September folgte der zweite Anlauf und schon im Januar 2007 gab das Pentagon jetzt eine hochoffizielle Ausschreibung für die nun KC-X genannte Tankerbeschaffung heraus. Nur Northrop-Grumman und Boeing gaben Angebote ab, Boeing wiederum auf 767-Basis. Northrop-Grumman hatte sich zwischenzeitlich die EADS als Partner ins Boot geholt und machte seine Offerte auf Basis der A330, die als A330MRTT bereits 2004 von den Briten den Vorzug gegenüber der 767 als neues Tankflugzeug für die Royal Airforce erhalten hatte. Auch deshalb bekam Northrop samt Partner im Februar 2008 überraschend den Zuschlag des Pentagons; das Flugzeug sollte weitgehend unter der neuen Bezeichnung KC-45A in den USA entstehen. Jetzt rannte Boeing Sturm und legte beim US-Rechnungshof Protest ein. Dem wurde stattgegeben, das Bieterverfahren abgebrochen, das US-Europa-Konsortium war den sicher geglaubten schönen Auftrag wieder los, der Rechnungshof ordnete eine neue Ausschreibung an.

Dritter Versuch: Die neue Ausschreibung fand beim US-Partner Northrop keine Zustimmung, die Geschäftsführung wollte kein Geld mehr in unsichere Kantonisten stecken und beschloss, angesichts der eindeutigen Favorisierung Boeings bei den Bedingungen des neuen Bieterwettbewerbes das Verfahren im März 2010 endgültig zu verlassen. Damit schwanden auch die Aussichten für Airbus Military, den 35 Milliarden-Dollar-Auftrag an Land zu ziehen, drastisch. Also stiegen auch die Europäer erst einmal aus. Aber das Pentagon ermunterte Airbus mehrfach, doch erneut mitzubieten, es verlängerte extra Abgabefristen, um ein Gebot des Boeing-Konkurrenten doch noch möglich zu machen. Im April 2010 akzeptierte Airbus und stieg wieder ein. Das finanzielle Volumen und die lukrativen möglichen Folgeaufträge – insgesamt 500

❑ *KC-45A im Einsatz. Die Ausschreibung der australischen Luftwaffe hatte Airbus gewonnen und so betankt hier eine A330MRTT australische Kampfflugzeuge.*

Tankflugzeuge sind in den US-Luftstreitkräften langfristig zu ersetzen – waren einfach zu verlockend.

Nun holte Boeing zum Rundumschlag aus: Als erstes kam der insistierende Fingerzeig an das Pentagon, wonach Airbus staatlich subventionierte Flugzeuge baue und verkaufe und damit praktisch Dumping betreibe, so dass Boeing als brave private Aktiengesellschaft mit sauberer Kalkulation nicht mithalten könne. Es folgte der gezielte Verweis auf die WTO, wo die USA Klage gegen die EU wegen der Subventionierung der europäischen Luftfahrtindustrie – also Airbus – eingelegt hatten. Doch der mächtige US-Konzern mit seiner fleißigen Lobby beließ es nicht beim WTO-Hebel. Boeing brachte zusätzlich eine umfassende PR-Kampagne in Gang. Der Hersteller aus Seattle mobilisierte Abgeordnete und Senatoren und machte publizistisch massiv Stimmung in der Bevölkerung gegen Airbus, indem man reihenweise tausende neue Arbeitsplätze in verschiedenen Bundesstaaten für den Fall versprach, dass Boeing den neuen Tanker bauen würde. Nicht gerade die ganz feine Art, denn auch der neue Hauptauftragnehmer Airbus North America wird im Auftragsfall das Flugzeug überwiegend in den USA (Mobile, Alabama) bauen und bei der Fertigung der 179 ausgeschriebenen Maschinen mit dutzenden namhafter US-Unternehmen kooperieren. Davon stand allerdings nichts in den Pressemitteilungen aus der Chicagoer Zentrale.

Die Krönung der KC-X-Posse stellte nun im

❑ *Der US-Verbündete Japan hat sich für die KC-767 entschieden. Ein Schelm, wer Böses dabei denkt.*

❑ *Ein Blick in das Innere des Riesenvogels A380: mehr als 50% aller Komponenten stammen aus den USA, der Airbus ist amerikanischer als die 787, so gesehen geht Boeings Attacke ins Leere.*

Juli 2010 kurz vor Angebotsschluss der Einstieg eines dubiosen kalifornischen Unternehmens namens »US Aerospace« dar, das mit dem angesehenen ukrainischen Flugzeugbauer Antonov im Schlepptau nun ebenfalls um den lukrativen Auftrag buhlt. Das eigenwillige Joint-Venture kommentierte Antonov-Chef Kiva in Farnborough 2010 mit den Worten: »Wir wären nicht aufgeregt, wenn wir den Auftrag nicht erhielten«. Nun, der Fachwelt würde wohl der Unterkiefer herunterklappen, wenn US Aerospace mit seinem Partner tatsächlich den Zuschlag bekäme. Derzeit ist das aber wohl auszuschließen.

In bisher fünf unbeanstandeten Bieterwettbewerben für Tanker in aller Welt hat Airbus fünfmal Boeing geschlagen. Aber in den Vereinigten Staaten ist vieles anders und es gibt natürlich weder unerlaubte Subventionen noch Protektionismus. Wie dem auch sei – am 12. November 2010 will das Pentagon endgültig über den Jahrhundertauftrag entscheiden. Wenn mal bloß nichts dazwischen kommt.

Übrigens: Bekanntlich sagt heute der Sitz eines Luftfahrt-Herstellers kaum etwas darüber aus, aus welchem Land die verbauten Komponenten stammen. Fast 70 % des mit mindestens sechs Milliarden Dollar Zuschüssen geförderten Boeing-Bestsellers 787 produzieren ausländische Firmen, primär Japaner und Italiener. Der Lieferanteil der USA an der A380 in Toulouse liegt dagegen wesentlich höher als bei der 787, nämlich bei beeindruckenden über 50%. Verrückte Zeiten, die Globalisierung lässt grüßen. Die WTO hingegen wird scheinbar schlicht und ergreifend von Boeing gegen Airbus instrumentalisiert und dient dem US-Hersteller zum Erreichen zweier äußerst durchsichtiger Ziele: a) der wirksamen Ausschaltung von Airbus im Tanker-Wettbewerb und b) dem Unterbinden von Staatshilfen für den 787-Konkurrenten A350XWB.

Es spricht allerdings einiges dafür, dass Airbus im Tanker-Rennen letztlich nicht gänzlich leer ausgehen wird. Wie ein fauler Kompromiss am Ende aussehen wird, ist schwer einzuschätzen, aber eine Kompensation wird

❑ *Der nächste Wettbewerb kommt bestimmt. Kann es zu einem weiteren Muskelspiel bei einer denkbaren Konkurrenz zwischen Boeings Militärtransporter C-17 Globemaster III, Lockheeds Hercules und …*

es angesichts des unaufhörlich drängenden Werbens des Pentagons um Teilnahme am Bieterverfahren in Toulouse sicher geben. Und sei es in Form eines Folgeauftrages oder einer Auftragsteilung. Vielleicht aber lässt sich das Pentagon sogar noch etwas Kreativeres einfallen.

Zweites und letztes Kapitel: A400M vs. C-17 Globemaster III

Airbus führt seinen Erfolg auf die innovative Technik seiner Flugzeuge zurück, mit der das Unternehmen nach seiner Überzeugung die modernste Flugzeugfamilie in jeder Kategorie von 100 bis 525 Sitzen aufgebaut hat. Dies ist genau die Nuss, an der sich Boeing die Zähne ausbeißt. In nahezu allen Wettbewerbsfeldern hat Airbus Boeing dazu bewegt, letztlich den Vorgaben von jenseits des Atlantiks zu folgen – Zweimann-Cockpit bei Großraumflugzeugen, Ersatz des Leichtmetalls durch Verbundwerkstoffe, Glas-Cockpit, Fly-by-Wire-Technik und vieles andere mehr. Boeing musste letztlich immer nachziehen, nachdem man sich vorher stets als besonders sicherheitsbewusster Bedenkenträger gegeben hatte. Nur einmal wollte Boeing wieder selbst die Technologieführerschaft für sich beanspruchen, mit der 787. Doch bekanntermaßen wurde das Projekt lange von Schwierigkeiten geplagt. Warum beispielsweise führte Boeing mit dem extra über den Atlantik gedüsten Dreamliner in Farnborough 2010 keine Demo-Flüge vor?
Im Tankerwettbewerb könnte Boeing letztlich den Sieg davontragen, auch durch innige Verbindungen in die US-Regierung, durch intensive Lobbyarbeit und Vereinnahmung von Gouverneuren, Senatoren und Abgeordneten für die Boeing-Sache. Dem großen politischen Einfluss von Boeing in den USA hat Airbus wenig entgegenzusetzen. Außer überlegener Technik. Und genau deswegen könnte sich noch eine weitere Kampfarena für die Gladiatoren eröffnen.

❑ ... der A400M von Airbus Military kommen? Ausgeschlossen ist das keineswegs und Airbus hätte in einem solchen Szenario ein Trumpfass in der Hand.

Zum Erbe Boeings aus der McDonnell Douglas-Übernahme gehören Militärflugzeuge, u.a. die C-17 Globemaster III, ein Militärtransporter, der in großer Stückzahl in der US-Luftwaffe und in anderen Streitkräften fliegt. Doch auch hier keimt Konkurrenz aus Europa auf: Die A400M. Der propellergetriebene Airbus-Militärtransporter verfügt konzeptionell bedingt über gewisse Eigenschaften, die ein Jet nicht haben kann, z.B. extremer Langsamflug, Absetzen von Fallschirmspringern sowohl aus sehr großen Höhen und als auch bodennah, Frachtabwurf aus geringster Höhe (min. 4 m) und anderes mehr. Seine Einsatz-Flexibilität ist unübertroffen. Die bis zur Serienreife allerdings ebenfalls von vielerlei Entwicklungsschwierigkeiten geplagte A400M ist der modernste und innovativste Militärtransporter auf dem Markt. Das kann und wird sicherlich zu neuen Konflikten zwischen den Giganten führen.

Nicht ohne Hintergedanken präsentiert Airbus die von den Testpiloten »Grizzly« genannte A400M auf der ILA 2010 in Berlin und auf den Airshows in Farnborough und anderswo. Airbus sucht natürlich nun Folgeaufträge für sein Produkt und hat mit dem für Props enorm schnellen Flugzeug bei Beschaffungsprogrammen rund um den Globus eine Trumpfkarte in der Hand. Wenn nun ein US-naher Verbündeter bei einer Ausschreibung für seine Luftstreitkräfte die bessere Eignung des Europäers für die gestellte Aufgabe entdeckt und nicht wie gewohnt Hercules C-130 bei Lockheed-Martin oder eben Boeings Globemaster III kauft, ist der nächste Aufschrei aus den USA programmiert und die massive Intervention Washingtons zugunsten der eigenen Rüstungsindustrie unweigerlich zu erwarten. Schließlich erzielt fast nur noch dieser Industriezweig bedeutende Exporterlöse, die man doch für die schlechte Außenhandelsbilanz so dringend braucht. Und spätestens in einem solchen Szenario wird sich dann die Mär von der Marktwirtschaft in der Luftfahrtindustrie wieder einmal entlarven. Denn sobald die eigene Industrie Gefahr läuft, den Kürzeren zu ziehen werden andere Saiten aufgezogen und die aufsässigen Verbündeten nachdrücklich zur Ordnung gerufen.

Zukunftsvisionen von diesseits und jenseits des Atlantiks

❑ *In bevölkerungsreichen und großflächigen Ländern denkt so mancher Kunde an den Einsatz der A380 auch für Inlandsflüge. Planspiele müssen keine bleiben, ökonomisch kann eine variable Nutzung Sinn machen. Hier eine A380-Landung in Mumbai, Indien.*

»Kollege Computer« hat nun endgültig das Zeichenbrett aus den Entwicklungsabteilungen verdrängt, ohne CAD-Programm, 3D-Animation und andere neuzeitlichen Software-Kunststückchen geht es heute nicht mehr. Aber: Nur ungern lassen sich die Luftfahrt-Konzerne in die Karten schauen, höchst zurückhaltend sind ihre Kommentare, wenn es um die Zukunft der Luftfahrt und um ihre Visionen für das eigene Unternehmen geht. Was haben »Skunk-« und »Phantom works« wirklich in petto, woran

tüfteln die Entwicklungsabteilungen von EADS und Airbus, materialisiert sich gar irgendwo ein neuer Überschallflieger auf einem Computerschirm? Der »Sonic Cruiser«, dem einst nach Boeing-Ansicht die Zukunft gehörte, war schon sang und klanglos in der Versenkung verschwunden, doch auf der Luftfahrtschau im britischen Farnborough 2010 tauchte er plötzlich wie Phönix aus der Asche auf dem Boeing-Stand in modifizierter Form wieder auf. Alles rätselt, was hat denn das zu bedeuten? Airbus hat

bei der gleichen Airshow ebenfalls einen Blick in die Zukunft der Luftfahrt erhaschen lassen und eigene Projektstudien gezeigt. Bei diesen Skizzen ist allerdings nur eines gewiss: Das werden nicht die Flugzeuge der Zukunft sein.
Liegen die Lösungen für übermorgen vielleicht im gestern? Schon Hugo Junkers sah die Zukunft des Flugzeuges im Nurflügler, werden die Verkehrsflugzeuge der Zukunft dieses noch immer verlockende Konzept vielleicht wieder aufgreifen? Die Skizzen á la Airbus geben keinen wirklichen Aufschluss. Was in den Planungsbüros mit der »Geheim«-Klassifizierung wirklich gestrickt wird, dringt nicht nach außen. Und vielleicht kommen zukünftige Geistesblitze gar aus Sao Paulo, Beijing, Toronto, Irkutsk oder Kiew? Die Antwort werden wir wohl irgendwann auf irgendeinem »Static Display« einer Airshow sehen. Und das wird dann keine Skizze mehr sein.

❏ *Sieht so die Zukunft aus? Boeing präsentierte in Farnborough 2010 eine überarbeitete Version seines »Sonic Cruisers«. Publikum und Experten rätseln über die Motive.*

❏ *Auch Airbus zog auf der britischen Insel ein Kaninchen aus dem Hut. Das »Conceptplane 2050« spricht zwar für die Fähigkeiten des Illustrators, das nächste Airbus-Modell ist es aber sicher nicht.*

Quellen- und Literaturhinweise

Bölkow, Ein Jahrhundert Flugzeuge, Düsseldorf 1990
Boeing Unternehmenschronik, US-Website
Schmidt, Junkers und seine Flugzeuge, Berlin 1986
Erfurth, Das große Junkers Flugzeugbuch, München 2006
Trunz, Pionierleistungen der dt. Luftfahrtindustrie bis 1945, Stuttgart 2006
Trunz, Geschichte der Lufthansa, München 2008
Lang, Typenkompass Airbus, Stuttgart 2010
Beeck, Typenkompass Boeing Verkehrsflugzeuge, Stuttgart 2009
Wilhelm, Lockheed Martin, Stuttgart 2004
Braunberger, Wirtschaftskrieg der Giganten, Frankfurt 2006
Zeit im Fluge, Deutsche Lufthansa 1990, 2002, 2005
Figgen, Morgenstern, Plath, Airbus A380, München 2005
Zeit im Flug, EADS München 2003
40 Years of innovation 1969-2009, Chronik Airbus S.A.S. 2009
Partnerschaft mit Deutschland, Broschüre, Boeing Berlin 2008
Braunschweigische Luftfahrtgeschichte, Braunschweig 2010
Geschäftsbericht Boeing 2009
Geschäftsbericht EADS 2009
Das große Duell, FTD Deutschland, März 2010